1 Wohnraum unter freiem Himmel

Stein oder Holzterrasse?

Die Terrasse gehört mit zu den ersten Einrichtungen im Garten. Der Sitzplatz am Haus dient an sonnigen Tagen als Wohnraum unter freiem Himmel. Eine zusätzliche Überdachung macht den Aufenthalt selbst bei Regenwetter möglich. Die Gestaltung des Terrassenbodens, d.h. die Art der Bodenbefestigung, richtet sich nach der Lage, nach dem Gebäudetyp, nach der Art der Gartengestaltung und hauptsächlich nach den persönlichen Wünschen der Bewohner. Möglich sind Böden aus Steinpflaster, (Natur-) Steinplatten, Fliesen und Holz.

Ein *Steinpflaster* oder *Plattenbelag* erfordert einen massiven Unterbau aus verdichtetem Schotter. Dafür muss der Mutterboden ausgehoben werden. Für einen *Fliesenbelag* ist sogar ein fester Beton-Estrich als Untergrund nötig. Nach dem Auskoffern der Erde, dem Einbau des Schotters, dem Auftragen der Splittschicht und dem Pflasterbau oder Plattenlegen bietet der massive Terrassenboden dafür eine sehr wetterbeständige und robuste Grundlage für die Einrichtung mit Gartenmöbeln und für die dauerhafte Nutzung. Hinsichtlich der Haltbarkeit ist ein Steinboden einer Holzterrasse auf jeden Fall überlegen.

Der Baustoff *Holz* hat gegenüber Stein, Beton oder Keramik in anderer Hinsicht aber mancherlei Vorteile. So lässt sich ein Holzboden grundsätzlich ohne aufwändigen und massiven Unterbau in jedem Garten einrichten. Holz macht ungewöhnliche Konstruktionen möglich. Beispielsweise können mehrere unterschiedlich hohe Ebenen geschaffen werden. Holzdecks lassen sich auch nachträglich leicht anbauen, wenn etwa ein Fenster bei einer Hausmodernisierung durch eine Fenstertür ersetzt und somit ein Zugang ins Freie möglich wird. Anders als bei einem Steinbelag genügt für ein Holzdeck eine selbsttragende Unterkonstruktion aus Holz oder Metall. Dadurch ist auch die Überbrückung von Gebäudeteilen oder von Höhenunterschieden im Gelände problemlos möglich, ebenso freischwebende Konstruktionen, wie zum Beispiel ein Liegesteg, der an oder über einen Teich oder ein Schwimmbecken ragt. Da Holzböden im Vergleich zu Steinplatten ein deutlich geringeres Flächengewicht haben,

1.1 Ein Nebeneinander ist nicht ungewöhnlich, oben die Holzterrasse in Form des Balkons, unten die ebenerdige Steinterrasse.

1.2 Terrassen mit verschiedenen Bodenbelägen.

1.3 Holzterrassen auf mehreren Ebenen, hier großflächig auf einem Anbau mit darüberliegendem Balkon.

1.4 Holzterrasse mit Teich.

1.5 Dachgarten auf Garagen mit Holzterrasse.

1.6 Holz lässt sich mit einfachen Werkzeugen auch im Selbstbau verarbeiten.

bieten sie sich auch als Belag für Balkone und Dachgärten an.
Die vergleichsweise kürzere Haltbarkeit eines Holzbodens lässt sich durch die Auswahl verrottungsfester Hölzer und durch einen konstruktiven Holzschutz erheblich steigern.

Der Baustoff Holz lässt sich mit gebräuchlichen Werkzeugen bearbeiten, so dass ein Holzdeck oder ein hölzerner Terrassenbelag auch in Eigenregie erstellt werden kann. Einfache Konstruktionen sind ohne besondere Fachkenntnisse für geübte Heimwerker zu schaffen. Weiterhin macht es keine große Mühe, Holzbauteile auszutauschen, wenn sie an exponierten Stellen nach Jahren morsch werden sollten. Die Entsorgung kann im Ofen erfolgen, sofern unbehandeltes Bauholz zum Einsatz kommt.

Ein weiterer Aspekt bei der Entscheidung für einen Holzbelag ist dessen Herkunft und Beschaffenheit. Holz stammt von Bäumen, die in kultivierten Wäldern gewachsen sind. Sie haben viele Jahre zur Sauerstoff-Produktion und Luftfilterung beigetragen. Der nachwachsende Baustoff wirkt auch als Bodenbelag noch lebendig, zumal sich die Jahresringe, Asteinwüchse und Lignin-Einlagerungen

Peter Himmelhuber

Terrassen und Decks

aus Holz selbst gebaut

Alle Angaben und Arbeitsanleitungen in diesem Buch wurden nach bestem Wissen und Gewissen zusammengestellt, eine Gewähr für die Richtigkeit wird jedoch nicht übernommen. Infolgedessen lassen sich für die praktische Umsetzung des hier Dargestellten keine Haftungsansprüche gegenüber dem Autor oder dem Verlag ableiten.

Fotonachweis:
Alle Abbildungen, wenn nicht anders bezeichnet, stammen von Peter Himmelhuber.

**Bibliografische Information
der Deutschen Nationalbibliothek**
Die Deutsche Nationalbibliothek verzeichnet diese Publikation in der Deutschen Nationalbibliografie; detaillierte bibliografische Angaben sind im Internet unter http://dnb.d-nb.de abrufbar.

ISBN 978-3-936896-57-2

5. Auflage 2025
© ökobuch Verlag GmbH,
  Königstr. 43, 26180 Rastede
  E-Mail: verlag@oekobuch.de
  http://www.oekobuch.de

Alle Rechte der Verbreitung, auch durch Funk, Fernsehen, fotomechanische Wiedergabe, Einspeicherung in EDV-Anlagen, Tonträger jeder Art und auszugsweisen Nachdruck, sowie die Rechte der Übersetzung sind vorbehalten.

Printed in the European Union

Unsere Bücher werden nach höchsten Ansprüchen an Nachhaltigkeit und Ökologie produziert und wir optimieren ständig weiter:

▶ Papiere und Pappen sind FSC® oder PEFC™ zertifiziert
▶ Druckfarben auf Pflanzenölbasis
▶ Druckplattenbelichtung komplett chemiefrei
▶ Klebstoffe lösungsmittelfrei
▶ 100% Öko-Strom bei Druck und Bindung
▶ Müllvermeidung und Recycling bei der Produktion
▶ kurze Wege, gedruckt in Deutschland

Inhaltsverzeichnis

1 **Wohnraum unter freiem Himmel** 5
   Stein- oder Holzterrasse? 5
   Vorüberlegungen und Entscheidungshilfen 8

2 **Planungsüberlegungen** 11
   Verschiedenartige Sitzplätze schaffen 11
   Sonnenstand beachten 12
   Terrassengestaltung 13
   Baubestimmungen einhalten 13
   Baurecht der Bundesländer und
   örtliche Vorschriften 14
   Großzügige Planung 15
   Freie Formen sind möglich 16
   Baustoffe kombinieren 17
   Wurzelschonende Bauart 17

3 **Unterbau und Fundamente für Holzterrassen** 19
   Punktfundamente 20
   Fundamente für Pergolen 22
   Schraubfundamente 23
   Einschlagbodenhülsen 23
   Pfostenanker und Schraubdübel 23
   Mauerwerk 24
   Vorhandenes Fundament nutzen 25
   Terrassenbau ohne Fundament 25
   Dachterrassen 25

4 **Hölzer für Holzterrassen** 27
   Heimische Hölzer 27
   Tropenholz 28
   Thermoholz 29
   WPC-Holz 30
   Materialwahl und Preise 30
   Angebote vergleichen 31
   Ökologische Aspekte der Holznutzung 31
   Exkurs: Holz vom Förster 32

5 **Holzschutz** 35
   Holzschutzmittel 35
   Konstruktiver Holzschutz 35
   Wasser abweisen 36
   Holzpflege 36
   Rostschutz bei Metallteilen 38

6 **Konstruktion und Befestigungselemente** 39
   Bretter und Lagerbalken 39
   Die Tragkonstruktion 39
   Verlegung des Holzbodens 41
   Schrauben als Befestigungsmittel 42

7 **Baubeispiele** 45
   7.1 Holzterrasse mit Pergola 45
   7.2 Terrasse aus Douglasienbrettern
        und Lärchenholzbalken 53
   7.3 Holzdeck – schwimmend gebaut 61
   7.4 Holzsteg am Schwimmteich 65
   7.5 Holzterrasse mit Garapa 67
   7.6 Große Gartenterrasse und Dachterrasse
        aus Lärchenholz 71
   7.7 Holzterrasse mit Schraubfundamenten 81
   7.8 Holzterrasse mit Rondell 85
   7.9 Terrasse mit Profilstahl-Unterbau 87
   7.10 Holzterrasse mit Glasdach 95

abzeichnen. Ein Holzboden sieht dadurch nicht nur interessanter aus, sondern bietet im Vergleich zum „kalten" Steinboden auch ein angenehmeres, „warmes" Wohngefühl. Selbstverständlich müssen die Bäume für das Bauholz aus kontrollierten, nachhaltig bewirtschafteten Forsten stammen. Die Verwendung von Tropenholz aus fragwürdigen Quellen und nicht nachhaltig bewirtschafteten Gebieten der Erde ist grundsätzlich abzulehnen. Das gilt auch für Holz aus Urwäldern der nördlichen Hemisphäre, wo sie im kalten Klima viele Jahre zum Wachsen brauchen. Das Holz der Sibirischen Lärche (*Larix sibirica*) z.B. zeichnet sich deshalb durch enge Jahresringe und eine besonders hohe Dichte aus. Leider bleiben die nordischen Urwälder ebenso wenig vom Raubbau verschont wie die Tropenwälder. In manchen Regionen erfolgt die Rodung ganzer Waldstriche durch das sogenannte Chaining; dabei reißen Bulldozer, die mit Stahlketten verbunden sind, die Bäume gleich flächenweise um. Unsere Wahl sollte daher vorzugsweise auf heimische Hölzer fallen, die exotischen Holz-Arten durchaus ebenbürtig sind. Wer die Möglichkeit hat, sein Bauholz aus der Region zu beschaffen, kann sich die Bäume mit dem Förster oder Waldbe-

1.7 Holzbearbeitung auf der Baustelle: Lärchenholzbalken hobeln.

1.8 Lärchenholzbretter festschrauben.

1.9 In ländlichen Gegenden ist es teilweise noch möglich, sein Bauholz selbst auszuwählen, ...

1.10 ... es zu fällen und zuzuschneiden...

1.11 ...und später als Bauholz vom Sägewerk abzuholen.

sitzer selbst aussuchen. Sie werden dann nach dem Fällen und dem Zuschnitt im Sägewerk gelagert und stehen nach dem Trocknen als Baumaterial zur Verfügung.

Moderne Sägewerke sind mit Trocknungskammern ausgestattet, um den sonst zweijährigen Trocknungsprozess auf wenige Wochen zu verkürzen. Auch das Holz, das es in Holzhandlungen zu kaufen gibt, stammt vielerorts noch aus der eigenen Region. Wer sicher sein will, dass sein Bauholz aus heimischen Forsten stammt, sollte es bei einem ortsansässigen Holzhändler besorgen, der die unbedenkliche Herkunft garantiert.

Vorüberlegungen und Entscheidungshilfen

Wer noch nicht weiß, ob ein Pflaster- oder Plattenbelag besser passt als ein Holzdeck, sollte sich gebaute Beispiele anschauen. Einen Einstieg und einen gewissen Einblick in die Gestaltungsmöglichkeiten können die Webseiten der Baustoff-Anbieter (Suchmaschine > *Terrassen* oder auch speziell *Holzdecks* oder *Holzterrassen*) geben. Ein etwas differenzierteres Bild liefern die Ausstellungen der Baumärkte und Baustoffhandlungen, denn dort sind die Terrassen und deren Baustoffe „live" zu besichtigen und zu begehen. Es lohnt sich, die Projekte verschiedener Anbieter zu prüfen, und zwar nicht nur Neubauten, sondern auch ältere Terrassen. Dabei ist zu sehen und zu spüren, wie die unvermeidliche Verwitterung auf die Baustoffe wirkt – so etwa, ob bei einem Pflasterbelag nach Jahren mit Frostschäden zu rechnen ist, ob die Fugen in einem Plattenbelag noch dicht sind oder wie rissig ein Holzboden im Laufe der Jahre wird. Insbesondere wird sichtbar, wie die verschiedenen Holz-Arten nach Jahren aussehen, wenn der „Zahn der Zeit" auf sie einwirkt. Teure Tropenhölzer wie etwa Bangkirai können beispielsweise optisch enttäuschen, weil die einst dunkelbraune Oberfläche verblasst, während sich das zunächst rötlich schimmernde Lärchenholz nach jahrelanger Bewitterung eher silbrig verfärbt. Natürlich ist die Materialwahl Geschmackssache, und gerade deshalb sollte sie gründlich erfolgen, indem viele verschiedene Baustoffe und fertige Projekte besichtigt werden, am besten gemeinsam mit allen Beteiligten.

Gelegenheiten bieten auch die Landesgartenschauen, auf denen oft Themengärten mit gestalteten Terrassen gezeigt werden. Manchmal helfen auch Rundgänge durch schöne Wohnsiedlungen oder Besuche bei Bekannten weiter, wo beim Blick über den Zaun beziehungsweise beim Plausch im Garten verschiedenartige

1.12 Auf Gartenschauen finden sich immer wieder interessante Gestaltungsanregungen: hier ein Schwimmteich mit Holzdeck und Steinweg...

1.13 ...oder ein Themengarten mit Holz und Stein – ein vielgestaltiges Baubeispiel.

Terrassen begutachtet werden können. Ist ein persönliches Gespräch möglich, lassen sich ggf. sogar die Lieferanten oder Hersteller wünschenswerter Baustoffe oder Bauprojekte, sowie die Preise, Pflegebedürfnisse und weitere Informationen in Erfahrung bringen. Nutzer geben sicherlich auch gern Auskunft über die weniger guten Eigenschaften der Baustoffe, so etwa, ob ein Belag bei Nässe rutschig ist, ob er leicht von Algen bewachsen wird, ob sich gerne Ameisen in den Fugen ansiedeln usw.. Hilfreich können auch Informationen darüber sein, wie sich bestimmte Hölzer verarbeiten lassen, welche Befestigungselemente nötig oder praktisch sind und welche Werkzeuge gebraucht werden.

Besonders bei Holzterrassen sind die zusätzlichen Kosten für Befestigungs- und andere Hilfsmittel neben den Kosten für Bretter und Konstruktionshölzer nicht unerheblich. Immerhin werden Edelstahlschrauben, Winkelverbinder, Maueranker, Schraubfundamente und andere Metallteile gebraucht, die ihren Preis haben.
Ein wesentliches Kriterium bei der Entscheidung zwischen Stein- und Holzterrasse kann die Möglichkeit des Eigenbaus sein, denn Pflasterarbeiten gestalten sich für den Heimwerker in der Regel schwieriger als das Arbeiten mit Holz. Allerdings können für spezielle Holzterrassen Unterkonstruktionen aus Metall nötig sein, für die dann wiederum die Unterstützung einer Fachfirma gebraucht wird. Solche

1.14 Optik und Farbe von Holzterrassen sind nicht nur durch die Holzart bestimmt, sondern ändern sich auch mit der Zeit. Hier eine Terrasse aus Bangkirai neu...

1.15 ...und hier nach einigen Jahren, wenn das Holz vergraut ist.

1.16 Eine genaue Planzeichnung ist für den Formstahl-Unterbau der nebenstehenden Terrasse unverzichtbar.

1.17 Holzterrasse auf Metallunterkonstruktion aus Baustahlträgern und Betonfundamenten...

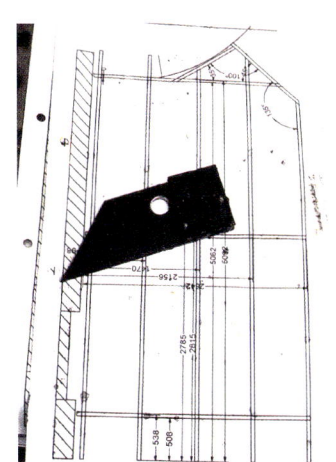

1.18 Die Herstellung eines Formstahl-Unterbaus ist Schlosserarbeit, nicht zuletzt wegen der erforderlichen Werkzeuge und Fachkenntnisse.

1.19 Der fertig vorbereitete und verzinkte Formstahl-Unterbau wird auf der Baustelle montiert und an den Fundamenten befestigt.

1.20 Auf der Tragkonstruktion kann mit der Montage des Holzbodens begonnen werden.

1.21 Ein Sortiment von Gartenbauhölzern in Baumarkt.

Metallbauten sind zeitaufwändig und erfordern besondere Kenntnisse und Werkzeuge, weshalb sie auch ihren Preis haben.

In jedem Fall lohnt es sich, vor dem Materialeinkauf und der praktischen Umsetzung bzw. vor der Vergabe von Bauaufträgen einen genauen Plan zu machen und mehrere Kostenvoranschläge von Firmen bzw. Lieferanten einzuholen. In der Regel genügt eine maßstäbliche Zeichnung der Terrasse in der gewünschten Größe mit entsprechenden Maßangaben und der Verbindung zum Haus. Die Baustofffirmen beziehungsweise die Holzhändler sind bei der Bemessung der erforderlichen Holzquerschnitte meist gern behilflich. Sie wissen, welche Stärken bei Brettern und Balken günstig sind und mit welcher der vorrätigen Längen sich übermäßiger Verschnitt vermeiden lässt, wie viele und welche Schrauben benötigt werden u.v.m. Solche Voranfragen bei verschiedenen Händlern und Baumärkten sind bereits vor der Entscheidung für ein bestimmtes Bauholz sinnvoll.

Die Preisunterschiede für die Bretter können erheblich sein, wobei immer auch die Qualität der Hölzer zu berücksichtigen ist. Gelegentlich haben Baumärkte Sonderangebote im Programm, die naturgemäß ein starkes Kaufinteresse wecken, so dass die preisgünstigen Bretter und Balken schnell vergriffen sind. Wer zu spät kommt, findet dann nur noch verzogene und rissige Restbestände vor. Billige Ware mit viel unbrauchbarem Ausschuss kann am Ende teurer kommen als einwandfreies Bauholz. Auch diesbezüglich lohnt es sich, die Besitzer von Holzterrassen nach guten Bezugsquellen zu fragen. Zufriedene Kunden sind die beste Werbung für einen guten Holzhändler. Die meisten Händler bieten im Übrigen einen Lieferservice an. Bei einer großflächigen Terrasse ist der Transport per PKW-Anhänger ohnehin schwierig, zumal die Bretter je nach Bauart der Terrasse oft mehr als 4 m lang sind. Dann kostet die Miete eines geeigneten Anhängers mehr als die Lieferung per LKW.

2 Planungsüberlegungen

Verschiedenartige Plätze schaffen

Normalerweise liegt der erste und beste Platz für eine Terrasse direkt vor der Wohnzimmertür an der Süd- oder Westseite des Hauses, dort, wo der Sitzplatz ohne Umwege aus dem Wohnbereich zu erreichen ist. So ist ein schneller Zugang möglich, etwa wenn gerade etwas Zeit zum Sonnenbaden ist oder für eine Kaffeepause in luftiger Atmosphäre. Getränke und Speisen können mit wenigen Schritten herangebracht werden.

Fast jeder Garten bietet aber auch Raum für andere oder weitere Sitzplätze. So kann an einer verkehrsberuhigten Straße ein Zweitsitzplatz, z.B. mit einer Bank ausgestattet, vor dem Haus eingerichtet werden, der einen Kontakt mit den Passanten ermöglicht. Wer gerne sein Frühstück im Freien einnimmt, wird dies lieber in einer abgeschirmten Ecke tun. Dafür kommt ein Platz an der Ostseite in Frage, der Morgensonne empfängt. Wer seinen Feierabend im Garten zum Grillen oder Vespern nutzen möchte, ist wiederum besser mit einem Sitzplatz auf der Westseite bedient.

Zahl, Größe und Form der Terrassen richten sich unter anderem nach der Lage des Hauses auf dem Grundstück, nach dem Haustyp und nach den Gepflogenheiten der Bewohner. Werden mehrere Terrassen vorgesehen, können durchaus unterschiedliche Baustoffe gewählt werden. So eignet sich für einen Sitzplatz vor der Haustür vorzugsweise derselbe Belag, der zur Befestigung der Einfahrt und der

2.1 Der Vorentwurf für einen Garten mit mehreren Terrassen.

2.2 Umsetzung in eine Planzeichnung (Isometrie).

2.3 Der Detailplan zeigt im Grundriss (oben) alle wichtigen Abmessungen und im Schnitt (unten) die Höhen.

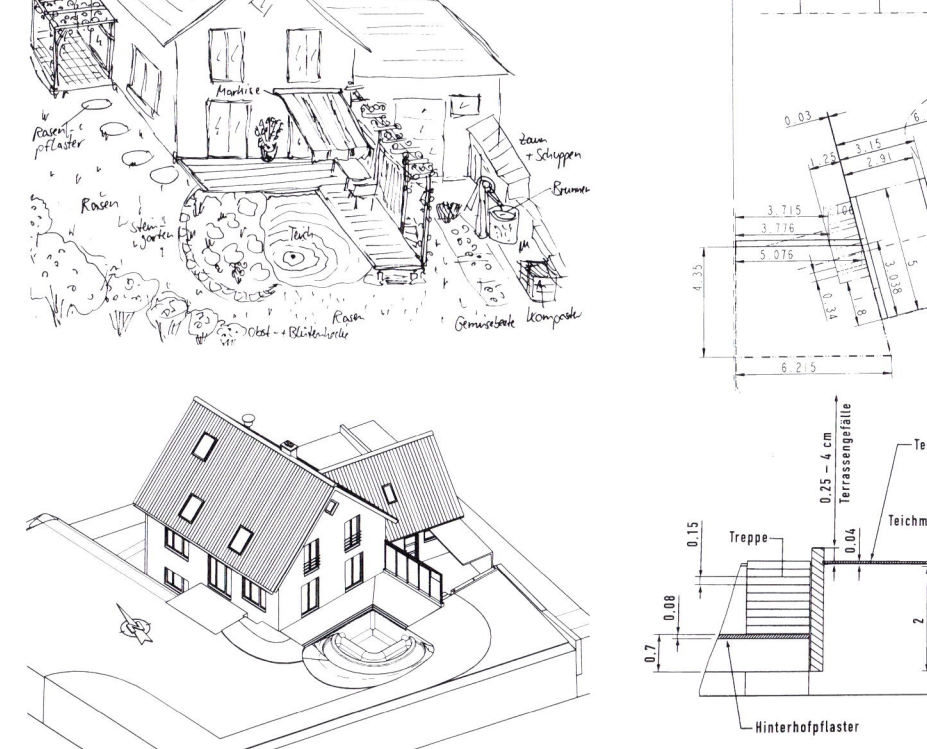

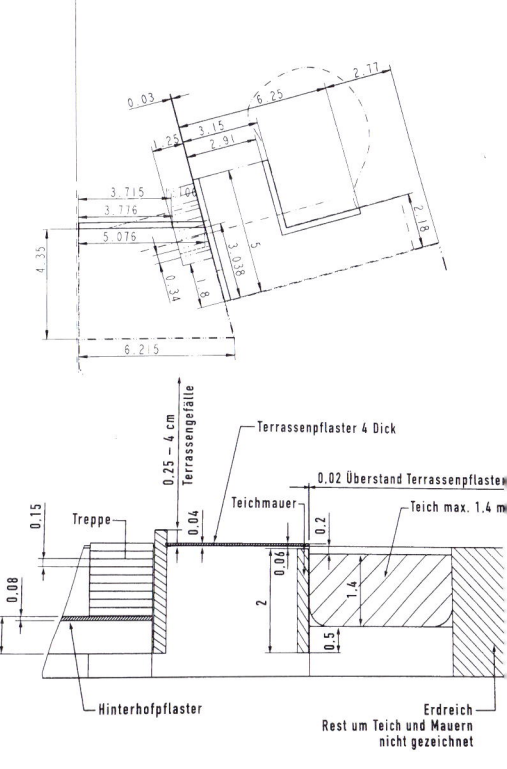

2.4 Zusätzlich wurde der Plan durch ein Computer-Modell anschaulicher gemacht.

2.5 Der fertige Garten mit Terrasse und Schwimmteich.

2.6 Holzterrasse mit Sonnensegel.

2.7 Terrasse mit Sonnenschirmen und noch kleinem Hausbaum.

Hauptwege am Haus genutzt wurde, während eine Frühstücksterrasse eher einen Holzboden erhält, der barfuß angenehm begehbar ist. Auch lassen sich oftmals mehrere Baustoffe miteinander kombinieren. Holz passt sehr gut zu Naturstein. So kann beispielsweise eine vorhandene Natursteinterrasse vorzüglich mit einem Holzdeck eingefasst, erweitert oder ergänzt werden.

Sonnenstand beachten

Der Einfluss der Jahreszeiten und die bevorzugten Nutzungszeiten des Sitzplatzes sind bereits bei der Bestimmung der Lage zu bedenken. Immerhin wirken sich Sonnenstand, Verschattung und Schutz vor Wind ganz entscheidend auf das Kleinklima aus. Von September bis März steht die Sonne sehr niedrig am Himmel, so dass ein südseitiger Platz im Winterhalbjahr unter Umständen dauernd im Schatten liegen kann, wenn ein hohes Gebäude oder Nadelbäume in der Nachbarschaft die Sonne verdecken. Im Sommerhalbjahr steigt die Sonne wesentlich früher auf und geht weiter westlich unter als im Winterhalbjahr. Daher kann eine Terrasse auf der Ostseite durchaus gut als Frühstücksplatz geeignet sein, auch wenn sie von einem großen Baum abgeschirmt wird. Am Morgen, wenn die Sonne aufgeht, stört die Krone nicht. Mit zunehmendem Sonnenstand ist der Schatten an heißen Sonnentagen sogar erwünscht, und im Winterhalb-

jahr, von November bis April, ist der Baum ohnehin ohne Laub und stört dann nicht.

Die Licht- und Klimaverhältnisse lassen sich, falls nötig oder erwünscht, aber auch beeinflussen. So kann in einer vollsonnigen Lage durch den Bau einer Pergola bzw. auch einfach mit Hilfe eines Sonnenschirms oder Anbringen einer Markise die Möglichkeit zur Beschattung geschaffen werden. Als Wind- und Wetterschutz kommen Seitenwände oder verglaste Vordächer in Betracht.

Terrassengestaltung

Form und Größe der Terrasse richten sich auch nach der Lage, dem Platzbedarf und der verfügbaren Fläche. Ein bevorzugter Platz ist, wie schon erwähnt, die Süd- oder Südwestseite des Hauses. Die Terrasse wird möglichst direkt an die Hauswand angebaut, und zwar unterhalb der Fenstertüren, so dass der Terrassenboden möglichst am besten in der gleichen Höhe liegt wie der Fußboden im Erdgeschoss. Die bündige Lage erleichtert den Zugang vom Haus nach draußen und umgekehrt.

Je nach Hausgröße und -typ kann die gesamte Breite des Hauses oder nur ein Teil für den Terrassenbau genutzt werden. Manchmal lässt sich die Terrasse auch um die Ecke ziehen und auf zwei Hausseiten ausdehnen, so dass ein Zugang nicht nur vom Wohnzimmer möglich ist, sondern eine weitere Tür etwa von der Küche, vom Arbeitsraum oder vom Kinderzimmer nach draußen führt. Durch einen winkeligen Ausbau an 2 oder sogar 3 Gebäudeseiten wird dann nicht nur der Außenbereich an der Südseite erschlossen, sondern zusätzlich auch die Ost- oder Westseite. Dadurch stehen je nach Tageszeit und Sonnenstand (Sitz-)Plätze mit verschiedenen Qualitäten zur Verfügung.

Baubestimmungen einhalten

Der Bau einer Terrasse ist in den meisten Fällen ohne besondere Genehmigung erlaubt, soweit es sich um ebenerdige und nicht zu große (< 15 m^2) Objekte handelt (z.B. Pflasterfläche am Haus, Zweitsitzplatz unter einem Baum oder Holzterrasse neben einem Gartenteich). Anders sieht es aus, wenn ein Sitzplatz mit einem Wintergarten, mit einer verglasten Pergola oder mit einer hohen Wind- oder Sichtschutzwand kombiniert werden soll. Für solche Objekte ist fast immer ein genehmigter Bauplan nötig. Solche Vorhaben sollten möglichst schon bei der Hausplanung (Neubau oder Umbau) berücksichtigt werden, das er-

2.8 Runde Holzterrasse als Zweitsitzplatz auf Betonfundament.

2.9 Große Holzterrasse mit Glasdach.

Tipp:
Die Bauordnungen der Bundesländer sind in Taschenbuchform im Buchhandel erhältlich oder auch im Internet zu finden (Suche z.B. mit „Landesbauordnung Baden-Württemberg").

2.10 Für ein genehmigungsbedürftiges Bauvorhaben wie der Wintergarten mit Dachterrasse in Abb. 2.13 ist auch ein Lageplan erforderlich.

2.11 Die Details werden im Maßstab 1:100 in Grundrissen und Ansichtszeichnungen dargestellt.

spart zusätzliche Planungskosten und das gesonderte Baugesuch.
Um herauszufinden, ob der gewünschte Terrassentyp an der vorgesehenen Stelle grundsätzlich zulässig ist und ob dafür ein Plan eingereicht werden muss, ist beim nachträglichen Anbau eine telefonische Voranfrage beim zuständigen Bauamt hilfreich. Wenn das Bauamt etwa für eine Holzterrasse mit Pergola und Glasdach einen Plan verlangt (z.B. weil Baugrenzen überschritten oder Nachbarrechte berührt werden), kann es sinnvoll sein, zunächst eine schriftliche Bauvoranfrage einzureichen. Dadurch bleiben die Kosten für einen professionellen Plan erspart, im Falle, dass die Behörde das Projekt nicht genehmigen würde. Für eine Voranfrage genügt eine einfache Handzeichnung mit Größenangaben und der Lage des Bauvorhabens auf dem Grundstück. Wenn das Bauamt das Projekt als genehmigungswürdig erachtet, kann anschließend der Auftrag für einen detaillierten Plan erteilt werden, wenn nicht, sind die geforderten Änderungen einzuplanen oder Änderungen am Standort, an der Größe, der Form, der Baustoffwahl oder Anderem vorzunehmen.

Baurecht der Bundesländer und örtliche Vorschriften

Für jeden Ort gibt es gesetzliche Vorschriften, die u.a. zur Vorbeugung von Personenschäden, zur Verhinderung von Schäden an Baulichkeiten oder auch zum nachbarschaftlichen Frieden beitragen. Anbauten erfordern in der Regel immer eine Baugenehmigung, Nebengebäude und Terrassen sind meist nur bis zu einer bestimmten Größe genehmigungsfrei (verfahrensfrei). Ausführungen dazu finden sich in der Landesbauordnung des jeweiligen Bundeslandes. So verweist beispielsweise der § 50 Abs.1 in der Landesbauordnung LBO von Baden-Württemberg auf eine Tabelle der „Verfahrensfreien Vorhaben" im Anhang zur LBO, in der die in Baden-Württemberg genehmigungsfreien Bauvorhaben aufgelistet sind. Entsprechende Vorschriften gibt es auch für alle anderen Bundesländer. Weiter ist zu berücksichtigen, dass es

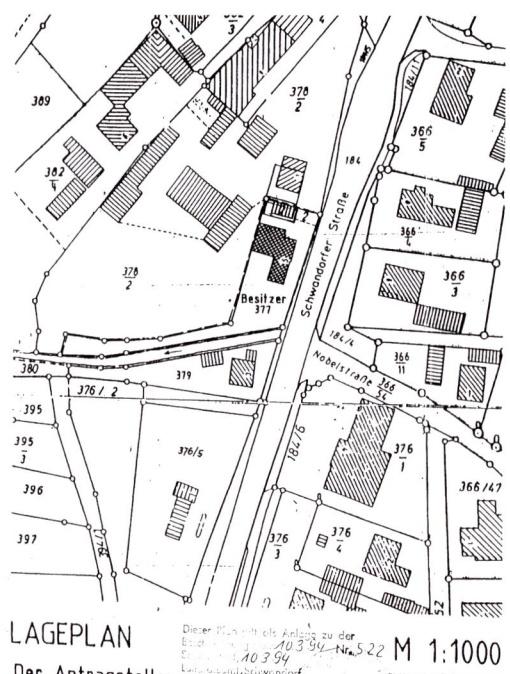

LAGEPLAN   M 1:1000
Der Antragsteller:

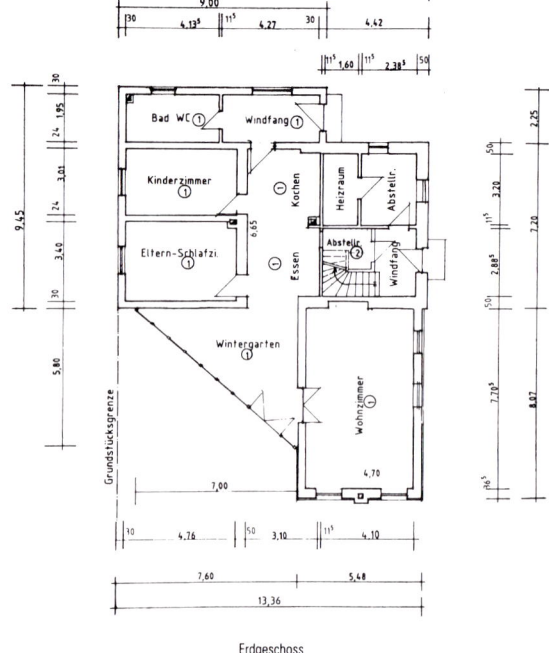

Erdgeschoss

in den Ortschaften eigene Richtlinien geben kann, z.B. Ortsbildsatzungen in Gemeinden mit denkmalgeschütztem Ortskern. Schon deshalb ist es sinnvoll, vor dem Bau einer Holzterrasse mit Pergola oder Sichtschutzwänden sich bei der zuständigen Gemeinde- oder Stadtverwaltung zu erkundigen. Obendrein empfiehlt es sich, das Vorhaben auch mit den Nachbarn zu besprechen. Selbst wenn die Behörden keine Einwände haben, kann etwa durch den Schattenwurf der angrenzende Garten des Nachbarn beeinträchtigt werden. Falls nötig, ist dann im Sinne des nachbarschaftlichen Friedens ein anderer Standort zu wählen oder eine andere Lösung zu finden.

Großzügige Planung

Eine detaillierte Planung mit Übersichts- und Detailzeichnungen ist in jedem Fall sinnvoll, auch dann, wenn kein genehmigter Bauplan gebraucht wird. Mit der Planung kann begonnen werden, sobald nach umfassender Information, Begutachtung und Beratung die Entscheidung für eine Holzterrasse gefallen ist. Zur Planung gehören nicht nur die Festlegung von Lage, Form und Größe der Terrasse, sondern auch Details der Konstruktion, wie z.B. Art und Lage der Fundamente oder die Anschlüsse an das Gebäude und an die Umgebung (z.B. mittels Stufen o.ä.).

Beim Neubau oder bei einer Modernisierung mit Baugenehmigung hat der Architekt die Terrasse gewöhnlich bereits im Bauplan eingezeichnet, so dass Lage, Form und Größe festliegen. Bei einem nachträglichen Anbau oder für einen Freisitz im Garten abseits vom Haus, etwa für einen Sitzplatz unter einem großen Hausbaum oder an einem Gartenteich, richten sich Form und Größe ebenfalls nach der verfügbaren Fläche, nach der Geländeform und anderen örtlichen Gegebenheiten.

Grundsätzlich sollte die Terrasse großzügig gebaut werden, damit sie auch dann noch genügend Platz bietet, wenn Gäste zu Besuch kommen oder wenn sie für Aktivitäten im Freien dienen soll, die viel Platz in Anspruch nehmen. Der Platzbedarf der Garten-

2.12 Die Ansichtszeichnungen, üblicherweise ebenfalls im Maßstab 1:100.

2.13 Wintergarten mit Dachterrasse aus Holz, nach der Fertigstellung.

Ansicht von Süden

Ansicht von Westen

ebenem Boden entstehen soll, etwa auf einem vorhandenen Betonfundament, sondern wenn Höhenunterschiede zwischen dem Wohnhaus und dem Gartenboden zu überbrücken sind und dafür eine Unterkonstruktion aus Holzbalken oder Metallformteilen erforderlich ist.

Freie Formen sind möglich

Weil Holzböden nicht unbedingt einen massiven Unterbau benötigen, lassen sich vielfältige Ausführungen realisieren: Holzlattenroste, die einfach auf dem geebneten und geschotterten Boden ausgelegt werden, sind ebenso möglich wie Stege am Teich, die vom Ufer aus ein Stück weit über das Wasser ragen, bis hin zu großflächigen Holzterrassen, die auf Punktfundamenten gelagert als Wohnraumerweiterung dienen und eine breite Brücke vom Haus zum Garten bilden.

2.14 Unterschiedliche Höhen können einen besonderen Reiz bieten: Holzterrasse auf Podest mit Treppe und Wasserlauf.

2.15 Badeteich mit Holzterrasse.

2.16 Holzterrasse am Teich mit Katze

möbel wie Tische, Stühle und Liegen lässt sich z.B. durch eine Stellprobe im Freien leicht ermitteln. Hinzu kommen oft noch Gestaltungselemente wie Balkon- und Kübelpflanzen, ein Grill, der Sonnenschirm und je nach Freizeitbetätigung der Bewohner ggf. weitere Utensilien.
Für alle Arten von Holzdecks sind Bauzeichnungen mit genauen Maßangaben hilfreich, schon im Hinblick auf die Zusammenstellung der benötigten Bretter und Balken. Eine detaillierte Planung ist vor allem dann wichtig, wenn die Terrasse nicht direkt auf

Holz lässt sich recht einfach bearbeiten, so dass auch ungewöhnliche Formen keine besonderen Anforderungen stellen. Rechteckige oder trapezförmige Flächen können ebenso hergestellt werden wie runde oder ovale Grundformen oder Begrenzungen in Form von Kreisbögen, Schwüngen oder Aussparungen.
Mit einem entsprechenden Unterbau lassen sich Holzdecks auch in mehrere

Ebenen unterteilen, die mit Stufen verbunden sind. Dadurch ist eine vertikale Gliederung der Freiflächen möglich, wenn die Höhenunterschiede im Gelände dies zulassen. Die Podeste können dabei beispielsweise so gestaltet werden, dass sie zugleich als Sitzplätze dienen.

Vertikal gegliederte Terrassen verbessern besonders an Hanggrundstücken oftmals den Wohnwert und können wesentlich zur Gartengestaltung beitragen. Sie müssen aber auch besonders gut durchdacht und geplant sein, damit das Gelände durch die Decks nicht unnötig zerstückelt wird. Zu bedenken ist weiter, dass verwinkelte Holzbaukonstruktionen anfälliger für Verwitterung sind, vor allem, wenn Regenwasser auf waagerechten Flächen stehen bleibt. Die frühzeitige Verwitterung lässt sich jedoch durch konstruktiven Holzschutz, durch wetterfestes Holz und/oder durch eine Überdachung verhindern.

Baustoffe kombinieren

Abwechslungsreiche Holzböden kommen zustande, indem verschiedene Holzarten kombiniert werden. Auf diese Weise lassen sich ähnlich wie bei Parkettböden im Haus farbige Akzente setzen oder geometrische Muster gestalten. Dekorativ wirken auch Flächen aus Holz und Naturstein. So können z.B. helle Kalksteinquader einen massiven Rahmen für eine Terrasse aus dunklem Holz bilden oder Granitsteine einem rötlichen Holzboden eine silbergraue Einfassung geben.

Wurzelschonende Bauart

Besonders an heißen Sommertagen bietet sich ein Platz unter einer schattenspendenden Baumkrone als angenehmer Aufenthaltsort an. Zum Probesitzen genügen einige Klappmöbel, die schnell aufgestellt und wieder weggeräumt sind. Wenn es sich zeigt, dass der Freisitz gerne angenommen wird, ist hier eine Holzterrasse ideal, weil dafür kein massiver Unterbau gebraucht wird. Beim Bau einer Steinterrasse wären Wurzelbeschädigungen unvermeidlich. Die Schraubfundamente oder Einschlagbodenhülsen verursachen dagegen nur geringe Wurzelschäden, zumal die Metallteile zwischen den Wurzeln hindurch in den Boden eindringen. Bei einer einfachen Plattform aus Brettern kann auf eine Verankerung im Boden sogar verzichtet werden. Als Auflager genügen Betonsteine, die in passenden Abständen verteilt und auf gleiche Höhe ausgerichtet werden.

2.17 Holzterrassen am Schwimmteich.

2.18 Holzdeck, schwimmend auf Schotter verlegt, für einen Sitzplatz im Garten.

3.1 Holzterrasse auf Punktfundamenten am Badeteich.

3.2 Holzterrasse auf Stahlträgern und Beton-Streifenfundamenten.

3 Unterbau und Fundamente für Holzterrassen

Holzterrassen benötigen, wie alle anderen Fußböden auch, einen tragenden Unterbau, damit die Lauffläche dauerhaft eben bleibt, sich die Hölzer nicht durchbiegen und das ganze Bauwerk nicht durch Wind und Wetter verschoben wird. Der Unterbau muss wetterbeständig sein und sollte auch nicht durch gefrierende Feuchtigkeit im Boden (Auffrierungen) bewegt werden.

Um letzteres zu vermeiden, wird in vielen Fällen für Holzterrassen – wie für andere Bauwerke auch – eine *frostfreie Gründung* gewählt. Bei frostfreier Gründung müssen die Fundamente, auf denen die Terrasse ruht, (hierzulande) mindestens 80 cm tief in den Boden reichen und dort auf festem Grund stehen. Die einfachste Form sind Punktfundamente aus Stein oder Beton (z.B. 10 x 10 oder 20 x 20 cm Querschnittfläche), die in mehr oder weniger regelmäßigen Abständen angeordnet die Last der Terrasse an mehreren Punkten in den Boden leiten. Streifenfundamente, 15 bis 25 cm breit, sind ebenfalls gebräuchlich, in der Herstellung aber – schon wegen des größeren Aushubs – deutlich aufwendiger.

Alternativ zur frostfreien Gründung ist es auch möglich, die Holzterrasse auf eine 30 cm dicke Packlage aus fest gestampftem Kies oder Schotter aufzusetzen und z.B. Betonsteinplatten zur Last-/Druckverteilung unterzulegen (*schwimmende Verlegung*). Durch den Kies bzw. Schotter kann Regenwasser schnell versickern, so dass stauende Nässe unmittelbar unter dem Holzboden vermieden wird. Auffrierungen treten bei einem ausreichend dicken Kies- oder Schotterbett eher selten auf, und dann auch nicht in dem Ausmaß wie bei gewachsenem Boden.

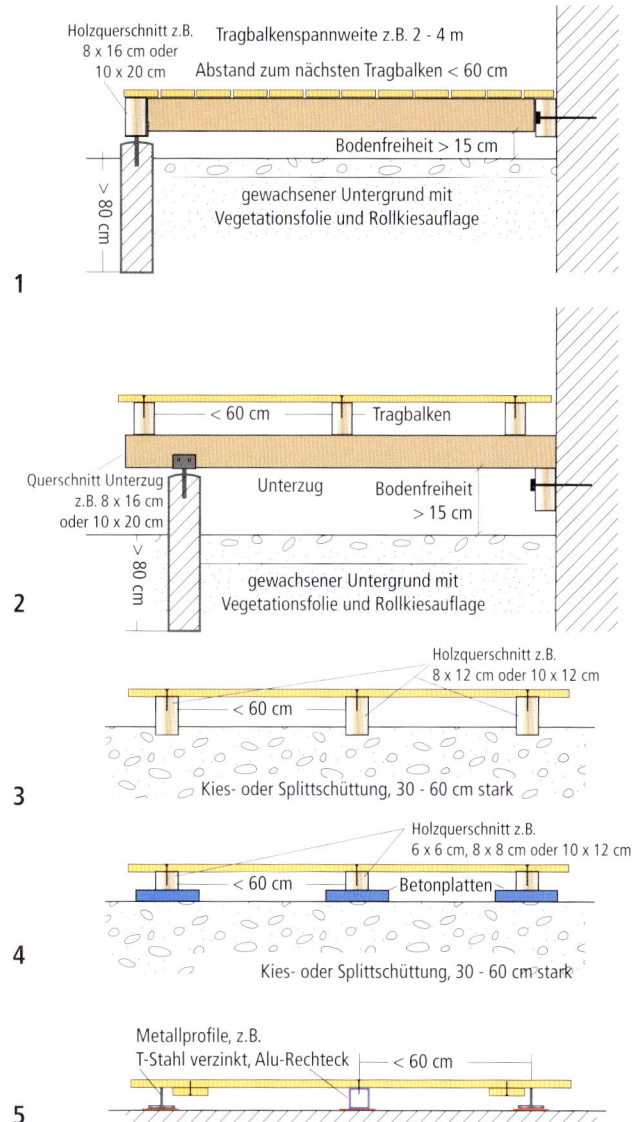

3.3 Möglichkeiten des Unterbaus und der Gründung von Holzterrassen.

1 Gründung mit Punktfundamenten, Die Befestigung der Tragbalken mit Balkenschuhen an den seitlichen Pfetten ermöglicht eine geringe Bauhöhe.

2 Gründung mit Punktfundamenten. Die kreuzweise Verlegung der Tragbalken über den Unterzügen erfordert weniger Befestigungsmittel und ist einfacher zu bauen, bringt aber eine größere Aufbauhöhe.

3 Schwimmende Verlegung der Tragbalken in einer Rollkies-Schüttung.

4 Schwimmende Verlegung auf in Rollkies verlegten Betonplatten.

5 Verlegung auf festem Untergrund mit korrosionsgeschützten Metallprofilen (erlaubt Vorfertigung und verdeckte Verschraubung von unten).

3.4 Holzterrasse auf Punktfundamenten aus 100er KG-Rohren (Kanal-Grund-Rohren). Sie sind hier völlig ausreichend, zumal die Last nur senkrecht von oben eingeleitet wird.

3.5 Holzterrasse auf Punktfundamenten mit 200 mm Durchmesser; bei so hoher, freistehender Bauweise bieten sie mehr Standfestigkeit.

Als dritte Möglichkeit der Gründung kommt das *Auflegen* der Holzterrasse *auf bestehende befestigte Flächen* in Betracht, z.B. auf Betonböden oder -flächen, die bereits gegründet sind, aber auch auf Flachdächer, Balkone u.ä.

Lösungen für alle drei Arten der Gründung werden im Folgenden noch detaillierter behandelt, die Beispiele zeigen obendrein die Bandbreite möglicher Details.
Egal, ob ein fester und frostbeständiger Untergrund (z.B. Betonplatte, Schotterbett) bereits vorhanden ist oder nicht, Holzterrassen werden nie direkt auf den Boden aufgelegt, sondern stets mit Abstand zum Boden gebaut, so dass das Holz nicht direkt der Bodenfeuchtigkeit oder gar stauendem und aufspritzendem Regenwasser ausgesetzt ist. Je besser der Holzboden von unten belüftet ist, umso größer ist die Haltbarkeit des Holzes. Deshalb kann es in manchen Fällen sinnvoll sein, die tragende Unterkonstruktion als verzinkte Stahlkonstruktion auszubilden und/oder feuchtigkeits- und korrosionsbeständige Metallprofile als Abstandshalter zum Boden zu verwenden. Auch tragende Holzbalken sollten im Interesse einer langen Haltbarkeit gegen eine häufige bzw. dauernde Durchfeuchtung geschützt werden.

Außerdem sollten die Bodenflächen unter der Terrasse im Garten möglichst nicht versiegelt sein, damit das Regenwasser abfließen kann und der Gasaustausch des Bodens nicht behindert wird; Sauerstoff kann in den Boden eindringen, Kohlendioxid entweichen. Bei Pflasterflächen ist durch die Splittfugen und den Schotter-Unterbau ein Regenwasserabzug gut möglich, während geschlossene Beton- oder Teerflächen den Boden dicht abdecken und im Garten möglichst zu vermeiden sind.

Punktfundamente
Zur Herstellung frostsicherer Punktfundamente haben sich Betonrohre bewährt, die es in verschiedenen Größen (Durchmessern) im Baustoffhandel gibt. Wenn der Standort der Fundamente festgelegt ist, werden an den entsprechenden Stellen Löcher gegraben. Um Frostsicherheit zu erreichen, müssen die Fundamente mindestens bis 80 cm unter die Erdoberfläche reichen. In diese Löcher werden nun die Betonrohre senkrecht eingestellt

und mit frischem Beton gefüllt. Sie eignen sich als tragfeste Basis nicht nur zur dauerhaften Gründung von Holzdecks, sondern auch für Holzbauten aller Art, wie z.B. Spaliere, Sichtschutzwände oder Pergolen. Die schmalen, langen Rohre (z.B. mit 20 cm Durchmesser und 100 cm Länge) ersparen im Vergleich zu einem (in Rechteckschalung) gegossenen Fundament viel Beton und sind dennoch ausreichend stabil und frostsicher gegründet.

Die Zahl der notwendigen Fundamente richtet sich nach der Größe der Terrassenfläche und nach der Tragfähigkeit der Balken, d.h. nach deren Querschnitt. Je größer der Balkenquerschnitt, desto größer können die Abstände zwischen den Punktfundamenten sein.

Damit die Holzbauteile luftumspült sind, werden oben Pfostenanker aus Metall in den noch frischen Beton eingesetzt, und zwar so, dass sie ein Stück aus dem Betonrohr herausstehen. Da diese Pfostenanker als Auflager für die Holzterrasse bzw. für die tragenden Holzbalken darunter dienen, sind sie bei allen Fundamenten auf die gleiche Höhe auszurichten, so dass die Balken später gleichmäßig aufliegen und die Terrasse eben ist.

Die Pfostenanker sind aber nicht zwingend nötig, wenn die Balken trocken liegen. Das ist mittels Abstandhaltern aus Kunststoff möglich oder durch Dachpappstreifen (Beispiel 7.1 Douglasien-Terrasse auf Lärchenholzbalken, siehe S. 46).

Alternativ zu den Betonrohren lassen sich auch KG-Rohre (Kanal-Grund-Rohre) aus Kunststoff, die sonst für Abwasserleitungen genutzt werden, als verlorene Schalung für Punktfundamente einsetzen. Die leichten Kunststoffrohre gibt es in verschiedenen Längen und Stärken. Für einfa-

3.6 Schraubfundamente sind noch nicht sehr lange gebräuchlich. Sie haben sich aber in den letzten Jahren gut bewährt und kommen zunehmend zum Einsatz. Mittlerweile gibt es neben den patentierten Schraubfundamenten auch preisgünstigere im Handel.

3.7 Bei nicht zu steinigem Boden können sie einfach mit einem Holz als Hebel eingedreht werden.

3.8 Die Fundamentabstände sollten nicht zu groß gewählt werden.

3.9 Holzterrasse mit Schraubfundamenten und Kalkschotter-Unterlage als Vegetationsschutz.

3.10 Beim Eindrehen sind die Schraubfundamente möglichst senkrecht und punktgenau einzurichten.

3.11 Das Eindrehen in den Boden ist mit einem so langen Kantholz nicht schwer.

3.12 Einschlagbodenhülsen gründen nicht frostfrei und sind nur für leichte Bauwerke geeignet.

3.13 Beim Einschlagen ist immer wieder ein möglichst senkrechter Sitz zu prüfen.

che, leichte Fundamente sind 100er Rohre ausreichend (d.h. 100 mm Innendurchmesser), für größere Terrassen bzw. größere Spannweiten der Unterkonstruktion bieten Punktfundamente mit 20 cm Durchmesser eine höhere Belastbarkeit.

Die Rohre werden nach dem Ausmessen und Ausheben der Löcher in den Boden eingesenkt und mit frischem Beton gefüllt. Nach dem Abbinden des Betons, also nach etwa 48 Stunden, sind diese Punktfundamente ähnlich belastbar wie Fundamente aus Betonrohren, da nicht der Kunststoff das Gewicht der Terrasse trägt, sondern der Betonkern. Die Punktfundamente müssen unten aber stets auf ausreichend druckfestem Boden stehen.

Solche Punktfundamente eignen sich übrigens auch, um Metallkonstruktionen als Unterbau für die Terrasse zu gründen. Sie sollten aber mindestens einen Durchmesser von 20 cm haben. Steinsäulen (Naturstein, Beton) ausreichender Länge (> 70 cm) können ohne weiteres als frostfreies Fundament direkt in den Boden eingegraben werden, wenn sie unten auf belastbarem Grund stehen.

Fundamente für Pergolen

Eine Pergola ist ein Bauwerk, das in der Regel keiner Baugenehmigung bedarf. Sie muss stabil gebaut sein, vor allem, wenn sie schwergewichtige Kletterpflanzen tragen soll. Die Balkenquerschnitte sind ausreichend zu bemessen, damit die Balken die vorgesehenen Zwischenräume sicher überspannen, wobei der Abstand zwischen den Pfosten nicht zu groß sein darf. Daher wird für eine Pergola, die eine größere Fläche überspannt, wie für eine Holzterrasse eine feste Verankerung im Boden benötigt. Auch hier werden die Pfosten sicher auf Punktfundamente gestellt, die aus Beton gegossen werden.

Schraubfundamente

Wer völlig auf Beton verzichten möchte, ist mit schon erwähnten Schraubfundamenten gut bedient (vgl. Abb. 3.6). Diese Pfostenanker aus feuerverzinktem Stahl gibt es für Bauwerke und Geräte – angefangen bei Zaunpfosten, über Wäschespinnen und Kinderspielgeräte, bis hin zu Verkehrszeichen und Fahnenmasten. Sie zeichnen sich durch eine große Belastbarkeit aus, sind verrottungsfest und recht einfach zu verankern. Schraubfundamente eignen sich für alle Böden, außer für felsigen Untergrund.

Einschlagbodenhülsen

Ebenfalls aus Metall, und zwar aus verzinktem Stahlblech, sind die sogenannte Einschlagbodenhülsen. Sie haben sich als Punktfundamente für Zaunpfosten, Pergolen und dergleichen bewährt und eignen sich bedingt auch für Holzterrassen, so etwa für kleine Podeste im Rasen, am Teich oder unter Bäumen. Größere Holzterrassen am Haus oder im Garten werden besser auf Schraubfundamenten oder Punktfundamenten aus Beton gelagert, zumal die Einschlagbodenhülsen nur eine begrenzte Tragfähigkeit haben, nicht frostfrei gründen und sich beim Einschlagen je nach Untergrund auch nicht immer ausreichend präzise ausrichten lassen.

Pfostenanker und Schraubdübel

Pfostenanker sind Halterungen aus Stahl, mit denen die Verbindung zwischen Fundament und der Holzkonstruktion hergestellt wird. Es gibt Pfostenanker mit winkelförmigen Halterungen für Balken, mit flacher Plattform z.B. zum Auflegen von Balken oder mit Gewindestangen, auf welche die Pfosten geschraubt werden. Je nach Ausführung können sie entweder mit Schraubdübeln (Schwerlastdübel) auf einen bestehenden Betonboden oder ins Fundament geschraubt oder bzw. beim Herstellen der Punktfundamente mit einbetoniert werden.

Pfostenanker sind für schwergewichtige Baulichkeiten geschaffen und für Holzterrassen, Pergolen, Wintergärten und dergleichen ideal. Mit dieser Konstruktionshilfe lässt sich der nötige luftige Abstand des Konstruktionsholzes zum Boden gut herstellen.
Wenn größere Höhenunterschiede überbrückt werden müssen oder Holzterrassen in größerem Abstand zum Boden errichtet werden sollen, ist eine Unterkonstruktion aus Holzbalken oder Stahlprofilen unumgänglich.

3.14 Mit eingesetztem Schlagholz und 5 kg-Hammer ist ein Fundamentpunkt schnell eingeschlagen.

3.15 Betonanker werden beim Betonieren des Fundaments mit eingegossen.

3.16 Auch Pfostenanker mit Zapfen werden am besten gleich mit einbetoniert.

3.17 Pfostenanker ohne Zapfen werden mit Dübeln oder Schwerlastankern in den Untergrund geschraubt.

3.18 Anschrauben der Pergolastützen an Pfostenanker, die im Beton verschraubt sind.

3.19 Höhenverstellbare Pfostenanker (durch Verdrehen auf einer Gewindestange im Innern) erlauben das Ausgleichen von Maßungenauigkeiten.

3.20 Für die Befestigung der Pergola und Sichtschutzwand ist ein Streifenfundament mit Betonankern erforderlich.

Grundsätzlich sind damit Aufbauten bis zu mehreren Metern Höhe realisierbar, z.B., um einen Balkon an ein Haus anzubauen, oder auch, um eine großflächige, freitragende Terrasse anzudocken.

Solche größeren Holzkonstruktionen sind eigentlich Zimmermannsarbeit, die aber unter Umständen noch im Eigenbau erstellt werden können, während die grazileren und dauerhafteren verzinkten Stahlkonstruktionen eher in die Hand des Metallbauers mit entsprechender Ausrüstung (Metallsägen, Schweißgerät etc.) gehören.

Mauerwerk

Mauerwerk aus Ziegeln, Betonsteinen oder Betonformteilen, das auf Streifenfundamenten steht, kann ebenfalls als Auflager für eine Holzterrasse dienen. Solche massiven Bauteile zu errichten kann sinnvoll sein, wenn es beispielsweise gilt, einen Hang abzufangen oder wenn die Holzterrasse neben einem Schwimmteich entstehen soll. Die Stützmauer dient dann gleichzeitig als Wand (für das Teichbecken) und als Unterbau für die Holzterrasse.

Ebenso wie Betonrohre, die in den Boden eingesenkt werden, lassen sich auch andere Betonformteile für den Terrassenbau nutzen. Das können Winkelformsteine sein, die in Reihe auf ein Betonstreifenfundament gesetzt werden, oder – bei leichter Bauart der Terrasse ohne frostsichere Gründung – auch nur Gehwegplatten, die als Auflager für die Holzbalken dienen (vgl. Abb. 3.21). Bei einer Konstruktion ohne frostsichere Gründung schaffen die Betonplatten etwas Abstand zum Boden und dienen der Lastverteilung auf einem wasserdurchlässigen Kies- oder Schotteruntergrund, eine Lösung, die sich beispielsweise für einfache Holzböden an ebenen Zweitsitzplätzen im Garten anbietet.

Vorhandenes Fundament nutzen

Soll im Rahmen einer Hausmodernisierung ein maroder Platten- oder Fliesenbelag erneuert und durch einen Holzboden ersetzt werden, lässt sich das vorhandene Betonfundament als Unterbau für die Lagerhölzer oder die tragenden Metallprofile wiederverwenden. Ist der alte Platten- oder Fliesenbelag lose, sollte er entfernt werden, wobei zu bedenken ist, dass die Aufbauhöhe eines neuen Holzbodens mit Unterkonstruktion durchweg etwas größer ausfällt als die des Plattenbelages.

Terrassenbau ohne Fundament

Ein Holzboden benötigt nicht zwingend ein eigens dafür angefertigtes Fundament. So können Holzlattenroste direkt auf einen vorhandenen Betonboden gelegt werden, sofern auftreffendes Regenwasser abfließen kann. Sie lassen sich aber auch auf bestehende Terrassenplatten mit geschottertem Unterbau aufbauen, sofern diese keine groben Unebenheiten aufweisen. Damit kann beispielsweise eine unansehnliche Terrasse aus Betonplatten mit einfachen Mitteln wohnlicher gestaltet werden.

Statt eines Betonbodens oder eines vorhandenen Plattenbelags eignet sich für eine einfache Holzterrasse auch ein Unterbau aus Schotter oder Rollkies zum Auflegen der Holzelemente. Der Schotter oder Rollkies sollte vorher mit einer Rüttelplatte verdichtet werden, um den Unterbau ausreichend tragfähig zu machen. Die Schotter- bzw. Rollkiesschicht sorgt dafür, dass sich die Bodenfeuchtigkeit nicht unter den Holzelementen staut, und schafft eine ähnliche Frostbeständigkeit wie ein tiefreichendes Fundament.

Der Holzbelag selbst wird dabei zu größeren Rosten zusammengebaut. Diese Roste können aus kleinteiligen Elementen zusammengesetzt sein, wie sie vorgefertigt in Baumärkten angeboten werden, oder auch als großflächige Holzelemente vor Ort zusammengeschraubt werden. Zu beachten ist, dass nur die Lagerhölzer (oder besser noch Metallprofile aus verzinktem Eisen oder Aluminium) im Schotter- oder Kiesbett liegen und Erdkontakt haben. Die Bretter der Holzelemente sollten auf jeden Fall luftig liegen und einen ausreichenden Abstand zum Boden aufweisen.

Dachterrassen

Auch bei Dachterrassen auf Garagen oder anderen Flachdächern kann auf einen aufwendigen Unterbau verzich-

3.21 Hier ruhen die Terrassentraghölzer auf Gehwegplatten, die lose auf ausgebrachtem Schotter liegen.

3.22 Auf dem Betonboden eines Balkons oder einer Bodenplatte können die Traghölzer lose ausgelegt werden, am besten auf Abstandshaltern, damit die Traghölzer nicht direkt auf dem Boden liegen.

3.23 Dachterrasse zwischen Hauseingang und Garage.

tet werden. Hier ist oftmals schon wegen der maximal zulässigen Belastung für die bestehende Konstruktion die leichte Holzterrasse die einzig sinnvolle bzw. mögliche Lösung, um eine begehbare Fläche zu schaffen. In solchen Fällen werden die Holzböden oder Holzroste einfach auf die bestehende Decke aufgelegt, deren ausreichende Tragfähigkeit natürlich vorab zu prüfen ist. Besteht die Dachabdichtung aus einem weichen Material wie Bitumenbahnen o.ä., sind unbedingt lastverteilende Unterlagen wie Steinplatten etc. unterzulegen, um eine Beschädigung der Dachdichtung zu vermeiden.

Steht die Garage ein Stück vom Haus entfernt, kann das Wohnhaus auch über ein Holzdeck mit der Garage verbunden werden, so dass neben der Terrasse im 1. Stockwerk unter dem Holzdeck noch ein weiterer Stellplatz entsteht. Die Befestigung der Terrassenbrücke kann mittels statisch geprüfter Maueranker an den Gebäudewänden erfolgen, sofern keine eigenen Stützen gestellt werden sollen.

3.24 Terrasse aus Lärchenholz, mit einer verglasten Stahlkonstruktion als Überdachung.

4 Hölzer für Holzterrassen

Das Holz ist am Terrassenboden starken Belastungen ausgesetzt; neben der mechanischen Belastung durch Betreten und die Möblierung wirken insbesondere Feuchtigkeit und Sonneneinstrahlung auf das Holz ein. Im Hinblick darauf sind von den heimischen Holzarten längst nicht alle für den Bau einer Holzterrasse gut geeignet.

So kommen Bretter und Balken von der Waldfichte (*Picea abies*), der Silberkiefer (*Pinus sylvestris*), vom Bergahorn (*Acer pseudoplatanus*), der Buche (*Fagus sylvatica*), der Birke (*Betula pendula*) und von anderen typischen Waldbäumen unbehandelt vorzugsweise im Hausinneren zum Einsatz. Sichtschutzzaun-Elemente, Lattenroste und andere Holzbauteile aus Fichten- oder Kiefernholz für den Garten sind immer kesseldruckimprägniert (d.h. mit giftigen Holzschutzmitteln getränkt), um eine ausreichende Wetterbeständigkeit zu erreichen. Bei diesem industriellen Verfahren dringt das Holzschutzmittel mehr oder weniger tief in das Holz ein und bleibt in den Zellen haften. Die so imprägnierten Hölzer sind deutlich länger beständig als naturbelassene Fichten- oder Kiefernhölzer. Allerdings kann die Imprägnierung die Haltbarkeit zwar spürbar verlängern, aber den Verrottungsprozess nicht verhindern. Der grünliche oder bräunliche Holzschutz sieht nicht natürlich aus und wird im Laufe der Zeit teilweise ausgewaschen, so dass das Holzschutzmittel mit der Zeit in den Boden gelangt. Einen Überblick über die für Terrassenbeläge geeigneten Hölzer, ihre Eigenschaften und Preise gibt Tabelle 4.1. In Tabelle 4.2 sind die geeigneten Hölzer in Dauerhaftigkeitsklassen eingeordnet, um ein Bild von ihrer Haltbarkeit zu vermitteln.

Heimische Hölzer

Von den heimischen Hölzern haben sich für den Gartenbau einige Arten bewährt, die von Natur aus recht witterungsbeständig sind. An erster Stelle ist hier das Holz der heimischen Lärche (*Larix europaea*) zu nennen, das eine lange Tradition als wetterfestes Bauholz hat und trotz der großen Konkurrenz durch die Tropenhölzer immer noch zu den besten Bauhölzern gehört. In vielen Regionen auf dem Land gibt es Holzstadel, die mehr als 100 Jahre alt sind und keine Verfallserscheinungen zeigen. Vielmehr prägen diese Gebäude durch ihre silbrige Patina den Charakter der Landschaft. Lärchenholz hat natürlich auch als Gartenbauholz einen besonderen Wert. Es ist bei richtiger Verbauung ansehnlich und ähnlich beständig wie exotische Hölzer, es steht in guter Qualität, vielen Längen und Stärken jederzeit zur Verfügung und es kostet erheblich weniger als Tropenhölzer. Hinzu kommt, dass bei der Fällung keine Tropenwälder gefährdet werden, sondern die heimische Forstwirtschaft gefördert wird und dass keine weiten Transportwege über die Weltmeere nötig sind.

Ähnlich verhält es sich mit anderen Hölzern aus heimischer Produktion, die zwar aus fernen Ländern eingeführt wurden, sich aber mittlerweile in Europa etabliert haben. Dazu gehören Douglasien (*Pseudotsuga douglasii*) und Robinien (*Robinia pseudoacacia*), beides Bäume, die ursprünglich aus Nordamerika stammen.

Das Holz der *Douglasie* (insbesondere das Splintholz) ist nicht ganz so haltbar wie Lärchenholz, wird aber derzeit vielerorts und besonders in Baumärkten recht preiswert angeboten.

Robinienholz ist ein etwas sprödes, sehr festes Holz, das auch im Erdkon-

4.1 Larix europaea, Lärchen

4.2 Pseudotsuga menziesii, Douglasie

4.3 Robinia pseudoacacia, Robinie

takt sehr beständig ist. Es wird daher gern für Baum- und Zaunpfähle eingesetzt. In Form von Brettern ist es im Holzhandel manchmal schwer zu bekommen. Die Oberfläche und insbesondere die Kanten tendieren bei Bewitterung zum Splittern, weshalb Robinie für Beläge zum Barfußlaufen nicht empfehlenswert ist.

Das gilt auch für das Holz der heimischen *Eiche*, dem ansonsten ebenfalls eine gute Haltbarkeit bei Außenbewitterung nachgesagt wird.

Tropenholz

Bangkirai, Bongossi, Garapa und andere Holzarten aus Indonesien, Malaysia, Brasilien und weiteren tropischen Ländern der Erde sind mittlerweile in vielen Holzhandlungen zu bekommen oder auf Bestellung lieferbar. Sie zeichnen sich durch eine besondere Härte, eine enorme Widerstandsfähigkeit gegen Pilzbefall und eine hervorragende Haltbarkeit aus. Die meisten Tropenhölzer sind sehr gleichmäßig gefärbt und nahezu astfrei, was ihnen ein etwas künstliches Aussehen verleiht. Sie kommen wegen ihrer Härte und Haltbarkeit beim Bau von Eisenbahnen, beim Brückenbau, Schiffsbau, als Leitungsmasten und bei anderen Projekten zum Einsatz. Bei freier Bewitterung vergrauen sie unbehandelt aber auch und nehmen eine dunkelgraue Farbe an.

Die exotischen Hölzer haben sich auch im Gartenbau bewährt. Allerdings ist die Verwendung von Tropenholz vor allem dann bedenklich, wenn ihre Herkunft nicht eindeutig nachgewiesen werden kann. Immerhin stammt es von Bäumen, die von Natur aus in den Regenwäldern dieser Erde wachsen. Beispielsweise wird Bangkirai oder Yellow Balau aus einem Baum namens *Shorea laevis* geschnitten, der in Südostasien verbreitet ist. Dieser erreicht eine Höhe von mehr als 70 m und einen Stammdurchmesser von 150 cm. Beim Fällen solcher Riesen werden vernichtende Schneisen in den Wald gerissen, die nur sehr langsam wieder

Tabelle 4.1
Für Fußböden im Außenbereich geeignete Holzarten und ihre Eigenschaften.

Einheimische Hölzer			
Douglasie	Lärche	Robinie	Eiche
Farbe: rötlich **Oberfläche:** glatt oder geriffelt gehobelt **Eigenschaften:** hart, elastisch, Kernholz wetterfest; natürlicher Holzschutz durch hohen Harzgehalt; gute Haltbarkeit, jedoch nicht für direkten Erdkontakt geeignet	**Farbe:** rot-braun **Oberfläche:** glatt oder geriffelt gehobelt **Eigenschaften:** weich, elastisch, splittert leicht; natürlicher Holzschutz durch hohen Harzgehalt; Kernholz sehr wetterfest, aber nicht für direkten Erdkontakt geeignet	**Farbe:** braun/grau **Oberfläche:** glatt gehobelt, tendiert bei Bewitterung zum Splittern **Eigenschaften:** spröde, langfaserig; gutes Gartenbauholz mit guter Haltbarkeit; als Bretter nicht überall erhältlich (meist Import aus Ungarn und Rumänien)	**Farbe:** gelblich/grau **Oberfläche:** glatt gehobelt, tendiert bei Bewitterung zum Splittern **Eigenschaften:** zäh, langfaserig; gutes Gartenbauholz mit guter Haltbarkeit;
Preis: ca. 20 - 30 €/m²	Preis: ca. 20 - 30 €/m²	Preis: ca. 30 - 40 €/m²	Preis: ca. 45 - 70 €/m²

zuwachsen. Durch die Nutzung des Holzes dieser und anderer tropischer Bäume wurden die Regenwälder stark geschädigt und teilweise gerodet. Der unkontrollierte Raubbau zur Holzgewinnung macht auch vor den letzten Regenwäldern nicht Halt. Seit einiger Zeit werden deshalb Tropenhölzer mit FSC-Zertifikat angeboten (Forest Stewardship Coucil). Der FSC wurde 1993 nach dem Umweltgipfel von Rio gegründet. Die nichtstaatliche, gemeinnützige Organisation setzt sich für umweltgerechte, sozialverträgliche und ökonomisch tragfähige Nutzung der Wälder der Erde ein. Das ist natürlich besser als ein unkontrollierter Raubbau. Allerdings bedeutet auch diese Form der Holzgewinnung das Ende der intakten Regenwälder. Denn es hilft den gerodeten Regenwäldern nichts mehr, wenn auf den freien Flächen anschließend kontrollierte Forste wachsen.

Thermoholz

Eine Alternative zum Tropenholz für Holzterrassen ist Thermoholz, speziell wärmebehandeltes Holz aus heimischen Forsten, das eine ähnliche Haltbarkeit aufweist wie Tropenholz. Zur Herstellung von Thermoholz wird das Holz in speziellen Wärmekammern auf ca. 200°C erhitzt und stundenlang „gekocht", wodurch sich die Zellstruktur verändert. Dadurch nehmen die Zellen weniger Wasser auf und wirken sozusagen wasserabweisend, was wiederum das Eindringen von holzzersetzenden Pilzen verhindert. Durch das Erhitzen verringert sich auch das Quell- und Schwindmaß, das heißt, Thermoholz quillt bei Nässe weniger und schwindet bei Trockenheit kaum; es bleibt nach der Hitzebehandlung formstabil. Die Hitzebehandlung wirkt sich auch auf die Färbung aus. Das Holz bekommt eine Farbe, die vom warmen oder goldenen Braunton bis zur fast schwarzen Oberfläche reicht – je nach Holzart und -behandlung. Die lebendige Er-

Tabelle 4.1
Für Fußböden im Außenbereich geeignete Holzarten und ihre Eigenschaften.

Tropenhölzer, z.B.		Kunststoff-Holz	Einheim. Thermoholz
Bangkirai	Garapa	WPC WoodPolymerComposite	Thermoholz-Kiefer Thermoholz-Esche
Farbe: mittel- bis dunkelbraun **Oberfläche:** geriffelt, glatt oder genutet **Eigenschaften:** feinrissig, besonders an den Enden; sehr hart, daher unbedingt vorbohren; wetterbeständig und dauerhaft, für direkten Erdkontakt bedingt geeignet;	**Farbe:** hellgelb bis orangebraun **Oberfläche:** geriffelt, glatt oder genutet, splitterfrei **Eigenschaften:** sehr hart, aber gut zu bearbeiten, muss unbedingt vorgebohrt werden; wetterbeständig und dauerhaft;	**Farbe:** hell- bis dunkelbraun **Oberfläche:** geriffelt, splitterfrei, nicht vergrauend **Eigenschaften:** 75% Holzfasern, 25% Thermoplast, astfrei; wetterbeständig und dauerhaft, jedoch nicht für direkten Erdkontakt geeignet;	**Farbe:** karamel bis dunkelbraun **Oberfläche:** geriffelt, glatt oder genutet, splitterfrei **Eigenschaften:** sehr dauerhaft und pilzresistent, wasserabweisend, wetterbeständig und dauerhaft; kein Konstruktionsholz
Preis: ca. 45 - 50 €/m²	Preis: ca. 50 €/m²	Preis: ab 15- 25 €/m²	Preis: 60 - 90 €/m², je nach Preis des Ausgangsholzes

Dauerhaftigkeitsklassen von Holz und Holzwerkstoffen				
Klasse 1	Klasse 2	Klasse 3	Klasse 4	Klasse 5
sehr dauerhaft	gut dauerhaft	dauerhaft	wenig dauerhaft	nicht dauerhaft
> 25 Jahre	15 - 25 Jahre	10 - 15 Jahre	5 - 10 Jahre	< 5 Jahre
Thermoholz Esche, Thermoholz Buche	Thermoholz Kiefer, Kiefer druckimprägniert	Douglasie unbehandelt, Lärche, Robinie	Fichte unbehandelt, Kiefer unbehandelt	Buche unbehandelt, Ahorn
Bangkirai, Garapa, Massaranduba	WPC			

Tabelle 4.2: Klassifikation der Dauerhaftigkeit des Kernholzes gegen holzzerstörende Pilze für Holzbauteile im Erdkontakt. Die Angaben in der Tabelle geben lediglich Richtwerte über die Lebenserwartung unter gemäßigten Klimabedingungen und zeigen die Verhältnisse der Lebensdauer der Klassen zueinander. Die reale Lebensdauer der Hölzer hängt sehr stark von den individuellen Einbau- und Umgebungsbedingungen und den konstruktiven Maßnahmen ab.

scheinung von unbehandeltem Nadelholz geht durch die Thermobehandlung teilweise verloren. Außerdem führt die veränderte Zellstruktur auch zu einer verringerten Festigkeit des Holzes. Als Konstruktionsholz ist es daher nur eingeschränkt geeignet.
Für den Unterbau einer Terrasse aus Thermoholz-Buche, Thermoholz-Eiche oder Thermoholz-Esche kommen deshalb vorzugsweise Lärchenholzbalken zum Einsatz oder andere tragfähige Konstruktionshilfen, etwa aus Profilstahl oder Naturstein – je nach Bauart und Lage der Terrasse.

WPC-Holz

WPC (Wood Polymer Composite) besteht aus einer Mischung aus Holzfasern und thermoplastischen Bindemitteln. Bei der Herstellung werden die Holzfasern mit dem Kunststoff durch Erhitzen verschmolzen und unter Druck zu einem Endlosstrang gepresst, der dann zu „Brettern" in den Längen 3, 4 oder 6 m geteilt wird. Diese Kunstholzbretter gibt es in verschiedenen Ausführungen, „Holzarten" und Färbungen. Gerade durch die gleichmäßige Färbung der „Bretter" entsteht am fertigen Deck aber der Eindruck, dass es sich um einen „künstlichen" Werkstoff handelt.
Die Haltbarkeit dieses Kunstholzes ist wesentlich von der Konstruktion abhängig, denn es ist für den dauerhaften Kontakt mit feuchtem Boden nicht geeignet. WPC-Holz wird hier nur der Vollständigkeit halber erwähnt. Wer auf einen naturgemäßen Garten Wert legt, wird sicherlich nicht zu WPC-Holz greifen.

Materialwahl und Preise

Welche Holzart im Einzelfall gewählt wird, muss nach den Informationen über Aussehen, Eigenschaften und Haltbarkeit jeder selbst entscheiden. Die Preise für Terrassenbau-Hölzer richten sich unter anderem nach den lieferbaren Längen. Deshalb lohnt es sich, die Maße der Terrassenfläche mit den lieferbaren Holz-Längen abzustimmen, um möglichst wenig Verschnitt zu haben. Das gilt vor allem bei einheitlichen Flächen mit durchgehenden Brettern. Bei in Mustern gestalteten Holzböden müssen die Bretter ohnehin passend zugeschnitten und eingefügt werden. Bei allen aufwändiger zu bauenden Holzterrassen erleichtert eine maßstabsgetreue Planzeichnung nicht nur die Anfertigung, sondern bereits die Bestellung der notwendigen Hölzer.

Tabelle 4.3: Beispiel für lieferbare Dimensionen bei Gartenbau-Hölzern und Preisverhältnisse.

Holzart	Breite x Stärke	Lieferbare Längen	m²-Preis, ca.
Douglasie, Lärche	120 x 21 mm	2 / 3 / 4 / 5 m	17 €
Douglasie, Lärche	120 x 28 mm	2 / 3 / 4 / 5 m	20 €
Douglasie, Lärche	145 x 28 mm	2 / 3 / 4 / 5 m	20 - 30 €
Douglasie, Lärche	145 x 42 mm	2 / 3 / 4 / 5 m	30 - 40 €
Eiche	130 x 25 mm	0,9 / 2,40 / 2,90 m	40 €
Bangkirai	145 x 25 mm	2,45 – 4,90 m	40 €
Garapa	145 x 25 mm	1,83 – 5,18 m	ca. 50 €
Thermo-Kiefer, Thermo-Esche	130 x 25 mm	1 – 4 m	ca. 60 – 90 €

Angebote vergleichen

Im Internet ist eine Fülle an Anbietern zu finden, die Material- und Preisvergleiche möglich machen. Bei der Suche unter den Stichworten „Holzterrassen", „Gartenbauholz", „Lärchenholz" oder anderen werden etliche Händler aufgelistet, die auch Baubeispiele zeigen (z.B. Holzdecks am Schwimmteich, am Haus oder im Garten). Dort finden sich oft auch Informationen über die Beschaffenheit verschiedener Hölzer (Bretter einseitig fein gewellt, einseitig grob gezahnt, auch glatt erhältlich) und Hinweise auf Bautechniken (bei trockener Lagerung genügt Kiefernholz für den Unterbau von Lärchenholzbrettern).
Trotzdem lohnt sich meist ein Vergleich mit dem Angebot von Händlern in der Region. Dort ist zu sehen, wie das Holz bei unterschiedlichem Wetter aussieht, ob es Splitter oder Risse aufweist und wie es nach der Verwitterung farblich wirkt. Bei der Auswahl der Holzart sind zudem die Ausstellungsflächen und Schauanlagen der Anbieter hilfreich.
Die Maße richten sich oft auch nach der Holzart. Meist sind die Bretter gängiger Holzarten in mehreren Breiten und Stärken zu bekommen.

Ökologische Aspekte der Holznutzung

In den letzten 40 Jahren wurden 20% der südamerikanischen Regenwälder abgeholzt, mit steigender Tendenz. Auf den gerodeten Flächen wachsen heute Sojabohnen, Zuckerrohr und andere Kulturpflanzen. Ähnlich sieht es in Südostasien aus. Hier müssen die natürlichen Wälder vor allem den Ölpalmen-Plantagen weichen. Das anfallende Holz kommt unter anderem als Gartenbauholz in den Handel. Die rege Nachfrage und der vermehrte Einsatz von Tropenholz hierzulande verstärken den Druck auf die Regenwälder und tragen zu deren weiterer Abholzung bei, zumal das Holz eine nicht unerhebliche Einnahmequelle darstellt.
Um dem Raubbau Einhalt zu gebieten, vergibt das Forest Stewardship Council FSC seit etlichen Jahren ein Zertifikat für Hölzer, die aus umweltgerechter, sozialverträglicher und ökonomisch tragfähiger Waldbewirtschaftung stammen. Insofern kann das FSC-Zertifikat eine Auswahlhilfe beim Holzkauf sein, wenn es unbedingt Tropenholz sein muss.
Das FSC-Zertifikat gibt es aber längst nicht für alle Hölzer. So werden beispielsweise Hölzer aus heimischen Forsten gewöhnlich nicht zertifiziert, obwohl sie eindeutig aus kontrolliertem Anbau stammen.
Ein regionaler Waldbauer oder Forstbetrieb hat die Prüfung nicht nötig, weil sein Holz ohnehin nur in heimischen Sägewerken verarbeitet wird. Eine Gewähr dafür, dass durch den Kauf von Bauholz für den Garten kein Raubbau an der Natur betrieben wird, ist deshalb nur bei der Nutzung heimischer Hölzer gegeben.
Wer sicher sein will, dass sein Holz aus der Region stammt, kann sich im Sägewerk das Forstgebiet zeigen lassen. Wer seine Bäume für die Holzterrasse selber fällt, weiß ohnehin, woher sie stammen (vgl. Seite 32-33: Bauholz vom Forst). Es kann sich durchaus förderlich auf das Wohngefühl auswirken, wenn der Holzboden im Garten aus unbedenklichen Hölzern besteht und nicht ein Stück Regenwald vor der Haustür liegt.
Zur Tropenholz-Thematik sind auch in den praktischen Beispielen immer wieder Hinweise und Empfehlungen zu finden. So hat im Beispiel 7.6 „Garten mit Holzterrasse" (S. 71 ff.) der Architekt und gelernte Schreiner das Lärchenholz in einem Sägewerk im Bayerischen Wald besorgt, welches den Wald nach alter Tradition bewirtschaftet, die Bäume nur an bestimmten Tagen fällt und das Holz erst nach einer langen natürlicher Lagerung in den Handel bringt. Im Beispiel 7.5 „Terrasse mit Garapa" (S. 67 ff.) haben die Besitzer ganz bewusst nur die kleine Terrasse für die Kinder aus dem splitterfreien Garapa-Holz gebaut. Auf der großen Hausterrasse wurden Platten gelegt.

Exkurs: Holz vom Förster

Baumaterial und Brennstoff aus heimischen Quellen

Der Wald ist eine ideale Rohstoffquelle, auch, um Baumaterial für die Gartengestaltung zu beschaffen. Das selbst zugerichtete Rundholz eignet sich vorzüglich für Palisaden, Pergolen oder nach der Bearbeitung im Sägewerk für Holzterrassen.

Der Wald, oder besser gesagt der Forst, braucht Pflege. Das Auslichten ist für seine Verjüngung und Gesunderhaltung wichtig. Im Unterschied zu einem natürlichen Wald (z.B. Naturpark Bayerischer Wald), in dem alles wild wachsen darf, ist ein Forst für die wirtschaftliche Nutzung geschaffen. Die meisten Forste wurden schon im letzten Jahrhundert angelegt. Die Forstwirtschaft ist also eine alte Kulturform. In Deutschland sind nahezu alle Wälder von Menschenhand angelegt oder sie unterliegen der forstwirtschaftlichen Pflege. Oft ist dies deutlich an den geraden Baumreihen zu erkennen oder an den Markierungen einzelner Stämme. Das Holz, das bei der nötigen Pflege anfällt, dient unter anderem als Bauholz, für die Papierindustrie oder für die Möbelherstellung. Es wird unter Obhut der Förster ausgewählt und „geerntet". Dabei fällt auch Holz für Privatleute an, zumal ständig reichlich Bäume nachwachsen und die Forste regelmäßig Pflege brauchen, die von den Forstarbeitern kaum zu bewältigen ist.

Dem Forst zuliebe auslichten

Vor allem ist schwaches Stangenholz günstig zu bekommen, das beim Freischneiden schöner erhaltenswerter Bäume weichen muss. Immerhin bleiben von ca. 10 000 Bäumen die ursprünglich auf einem Hektar (100 m x 100 m) angepflanzt wurden oder durch Samen von Mutterbäumen selbst aufgegangen sind, nur 100 ausgewachsene Exemplare erhalten! Die übrigen werden im Lauf der Jahre nach und nach gefällt. Es schadet dem Wald, besser gesagt, dem Forst also nicht, wenn Bäume entfernt werden. Vielmehr ist es nötig, um Schädlingen und Krankheiten vorzubeugen und die Ausbreitungsgefahr von Waldbränden zu verringern. Schließlich müssen aber auch Sturmschäden beseitigt werden, bevor die geworfenen Bäume Borkenkäfern zum Opfer fallen.

Ein Forststück zuweisen lassen

Meist im Spätwinter weisen die Förster der regionalen Forstämter oder ihre Vertreter interessierten Privatleuten Forststücke zum Auslichten zu. Die Termine und die Bedingungen sind beim zuständigen Forstamt zu erfahren. Vorher werden die störenden Bäume von den Forstarbeitern mit Farbe gekennzeichnet. Diese müssen weichen, weil sie krank sind oder wertvollere Exemplare am Aufwachsen hindern. Die Bäume, die gefällt werden müssen und damit auch das Holz, das Bewerber bekommen, ist also eindeutig zu erkennen. In der Regel wird es nur als Brennholz genutzt. Ausgewählte Bäume sind als Bauholz auch für den Garten geeignet. Auf Anfrage teilt der Förster ein ausgewähltes Forststück zu, wenn beispielsweise eine besondere Holzart benötigt wird (z.B. Lärchenholz für eine Holzterrasse). Natürlich kann dies nur geschehen, wenn im Zuge einer Durchforstung ein Forststück mit solchen Bäumen dabei ist. Allerdings müssen nach der Zuteilung auch die anderen störenden Bäume gefällt und beseitigt werden. In der Regel fallen innerhalb einer Parzelle genügend brauchbare Bäume für Bauholz an. Die anderen, weniger gut geeigneten sind immer noch als Kaminholz nützlich. Die zugewiesenen Parzellen sind überschaubar, zumal sie in wenigen Wochen durchforstet sein müssen. Dazu

4.6 Einweisung durch den Förster.

4.7 Noch im Wald wird die Rinde entfernt.

4.8 Holzmachen ist schwere Arbeit.

ist nur im Winter Gelegenheit. Dann sind die Bäume in der Saftruhe und die sommergrünen Arten unbelaubt. Bis zum Frühjahr, bevor die Brutzeit der Vögel beginnt, muss die Aktion beendet sein. Am besten werden für die Durchforstung einige Helfer engagiert, damit die Arbeit zügig voran geht. Alleine ist das Fällen, Entasten und Wegtragen der Stämme schlecht möglich. Gemeinschaftlich geht die Arbeit ohnehin leichter, besonders an schönen, klaren Wintertagen. Zum Fällen und Zerteilen der Bäume ist eine Motorkettensäge hilfreich und natürlich jemand, der sie bedienen kann. Eine Schutzkleidung ist zur eigenen Sicherheit vorgeschrieben. Die markierten Bäume müssen vollständig entfernt werden. Dazu erfolgt der Schnitt am Wurzelhals, also direkt in Bodennähe und zwar so, dass die Bäume jeweils in eine Gasse fallen. Erhaltenswerte Bäume dürfen dabei nicht beschädigt werden. Bäume, die keine spezielle Markierung haben und nicht als fällbar gekennzeichnet sind, dürfen auf keinen Fall gefällt werden.

Vor der Heimfahrt schätzen lassen

Nach dem Entasten und Ablängen wird das Holz am Waldrand gestapelt. Unbrauchbare Zweige und Gipfel können liegen bleiben, nachdem sie grob zerkleinert wurden. Schon jetzt ist die Vorsortierung des Holzes möglich und zwar gerade, dicke Stämme für Bauholz, lange Stangen für Kletterhilfen oder Tomatenpfähle, dürre Stücke für Brennholz und dergleichen. Jedenfalls muss der Förster das gesamte Holz bemessen oder schätzen können. Erst dann darf es abtransportiert werden. Der Preis berechnet sich pro Ster (Kubikmeter) und ist recht gering, so dass durch Eigenleistung günstig Bauholz beschafft werden kann. Die Arbeitszeit für die Holzbeschaffung und nachfolgende Behandlung ist allerdings nicht berechnet. Der Transport erfolgt am einfachsten bei kleinen Mengen mit dem PKW-Anhänger. Wenn viel Holz gefällt wurde, lohnt es sich, einen Mietcontainer zu bestellen (im Branchentelefonbuch unter „Container"), der per LKW zum Holzplatz befördert und nach dem Aufladen nach Hause transportiert wird. Dies ist jedoch nur möglich, wenn ein befestigter Zufahrtsweg zur Parzelle führt.

Richtig lagern und verarbeiten

Zuhause wird das Holz erst einmal gestapelt, bis Zeit zum Verarbeiten ist. Dicke Stämme, die sich zu Brettern oder Balken zerteilen lassen, werden sofort nach dem Fällen direkt zum Sägewerk befördern. Je nach Vereinbarung und Zeitplan des Sägewerks kann das zugeschnittene Bauholz dann gegen einen entsprechenden Lohn abgeholt werden. Bevor es verbaut wird, muss das Holz luftig und trocken auf einer ebenen Unterlage aufbewahrt werden und sollte mindestens 6 bis 12 Monate trocknen, damit eine Holzfeuchte unter 15% erreicht wird.

4.9 Stangenholz kann direkt verarbeitet werden.

4.10 Dünne Stämme lassen sich noch mit einer größeren Kreissäge aufsägen, dickere Stämme gehören ins Sägewerk..

4.11 Um das Bauholz für eine Terrasse vom Sägewerk abzuholen, ist schon ein größerer Anhänger nötig.

4.4 In spezialisierten Holzhandlungen werden Musterstücke der verschiedenen Holzarten präsentiert.

4.5 Präsentation verschiedener Fußbodenhölzer für den Außenbereich durch im Raum verlegte Musterböden.

4.6 Holzterrasse auf Stahlunterkonstruktion, die auf Gabionen ruht.

5 Holzschutz

Je nach Baustelle und Kleinklima ist Holz unterschiedlichen Gefährdungen ausgesetzt. Im Haus bzw. unter Dach bei mehr oder weniger gleichmäßig trockener Atmosphäre ist die Gefährdung weitaus geringer als draußen bei freier Bewitterung oder gar im Garten, wenn Holz im Erdkontakt verbaut wird. Diese Gefährdung wird durch Gefährdungsklassen von 1 (gut belüftete trockene Konstruktionen) bis 4 (dauernde Feuchteeinwirkung) zum Ausdruck gebracht. Je höher die Gefährdungsklasse, umso niedriger muss die Dauerhaftigkeitsklasse der verbauten Holzart sein und umso geringer ist die Zahl der Holzarten, die dafür in Frage kommen.

Durch Holzschutzmittel wird versucht, die Eignung der Hölzer für eine höhere Gefährdungsklasse zu verbessern, während der konstruktive Holzschutz darauf zielt, die Gefährdung durch Feuchtigkeit und ihre Folgen zu mildern bzw. zu minimieren.

Holzschutzmittel

Holzschutzmittel, Imprägnierungsmittel und Farben sind meist schadstoffhaltig, das heißt, die Wirkstoffe, die das Material schützen und Schädlinge, insbesondere Pilze abwehren, sind giftig oder mindestens der Gesundheit nicht förderlich. Ihr Einsatz ist also immer bedenklich, auch wenn sie keiner Giftklasse zugeordnet sind. Selbst Produkte, die den „Blauen Umweltengel" tragen, sind nicht giftfrei, sondern nur schadstoffarm. Die Anwendung von Holzschutzmitteln und Imprägnierungsmitteln kann bei Holz im Außenbereich im Übrigen die Verwitterung nur verzögern, aber nicht verhindern. Selbst die mit giftigen Mitteln getränkten Eisenbahnschwellen verrotten mit der Zeit, obwohl sie aus äußerst verrottungsfesten Tropenhölzern gefertigt sind. Am besten wird deshalb auf Imprägnierungsmittel und Farben möglichst ganz verzichtet, oder sie werden zumindest durch unbedenkliche Produkte und Techniken ersetzt. Außerdem: Unbehandelte Hölzer können nach Gebrauch bedenkenlos im Ofen verbrannt werden.

Konstruktiver Holzschutz

Unter der Bezeichnung „konstruktiver Holzschutz" werden Grundsätze verstanden, die schon traditionell bei der Verarbeitung des Baustoffes Holz berücksichtigt wurden:

- Den Einfluss von Feuchtigkeit soweit wie möglich abwehren
- Die Angriffsmöglichkeiten für holzzerstörende pflanzliche und tierische Schädlinge minimieren.

So haben sich beispielsweise die großen Dachvorsprünge alter Bauernhäuser als Regenschutz für die Holzwände

5.1 und 5.2 Selbst die massiven Palisaden dieser Holzterrasse verrotten im Laufe der Jahre.

5.3 Auch imprägnierte Eisenbahnschwellen halten nicht ewig.

5.3 Pfosten mit Bitumenanstrich, die in der Erde stehen, sind allenfalls von mittlerer Haltbarkeit.

5.4 Wesentlich haltbarer, weil trockener, sind geschlitzte Pfosten, die auf Pfostenankern stehen.

bewährt. Auch heute ist der Schutz vor den Einwirkungen wetterbedingter Feuchtigkeit eine wichtige Maßnahme beim Verbauen von Holz.

Wenn das Holz, für ein Terrassendeck nicht durch ein Dach geschützt werden kann, ist mindestens darauf zu achten, dass das Regenwasser zügig abfließen kann. Staunässe ist schädlich und verursacht selbst bei imprägnierten Hölzern über kurz oder lang Fäulnis. Grundsätzlich sollten Holzbauteile am Haus wie im Garten so verbaut werden, dass sie luftig liegen, stehen oder befestigt sind und nach Durchfeuchtung möglichst schnell austrocknen können. Denn auch Feuchtigkeit durch Kondenswasser oder durch Regenwasser, das in Ritzen eindringt, hat Fäulnis zur Folge. So sollte beispielsweise bei Wandverkleidungen stets eine gute Hinterlüftung vorhanden sein. Dazu werden die Holzelemente mit Abstandshaltern montiert. Das gilt sowohl am Haus, etwa bei Holzverkleidungen, als auch im Garten z.B. bei der Montage von Holzspalieren für Kletterpflanzen und dergleichen.

Kritisch sind nicht nur die Wettereinflüsse durch Regen oder Schnee, sondern vor allem die Bodenberührungsstellen. Gut sichtbar wird die Verwitterung bei Waldbäumen, die am Boden liegen. Hier tragen unzählige Tierchen, Pilze und Mikroorganismen dazu bei, den Baum in relativ kurzer Zeit in Humus zu verwandeln.

Das ist zwar im Naturkreislauf unverzichtbar, bei Gartengestaltungselementen aber keinesfalls erwünscht. Deshalb ist ein Bodenkontakt von Holz möglichst zu vermeiden. Nicht wirklich hilfreich ist ein Bitumenanstrich des Holzes (Abb. 5.3). Eine alte Technik, um Holzpfosten mit Erdkontakt haltbarer zu machen, ist das Ankohlen des erdberührten Teils in offenem Feuer. Dabei bildet sich ein Überzug, der den Holzkern weitgehend versiegelt.

Statt die Hölzer zu imprägnieren, stellt man sie besser auf Betonfundamente oder auf Pfostenanker aus verzinktem Metall, damit sie luftig stehen und mit dem Boden gar nicht in Berührung kommen.

Wasser abweisen

Der Wasserablauf muss jederzeit möglich sein. Das gilt besonders für Gartenbauholz wie Geländerpfosten, Pergolen oder Holzdecks. Pfosten bekommen oben einen schrägen Anschnitt oder sie werden angespitzt. Nützlich können auch kurze Brettabschnitte sein, die nach dem Anschrägen auf den Pfosten befestigt werden. Ebenso lassen sich senkrechte Holzlattenzäune durch das Anspitzen vor Staunässe bewahren.

Alle waagerechten Bauelemente, wie Holzdecks, Pergolabalken oder auch die Flächen von Sitzmöbeln, sollten ein geringes Gefälle haben. Bei großen Flächen aus Holz ist darauf zu achten, dass die Fugen breit genug sind, damit das Wasser abziehen kann. Bei Gartentischen oder Holzböden aus Lattenrosten liegen die Hölzer immer mit geringem Abstand nebeneinander auf der Unterkonstruktion auf. Das gilt auch für Holzterrassen.

Holzpflege

Wer sich für naturbelassene Bretter entscheidet und die Verwitterung zulässt, wird sich am Vergrauen der Holzoberfläche nicht stören. Es gibt aber Holzpflegemittel, die selbst nachträglich noch wirksam sind und die „Entgrauung" ermöglichen. Vorbeugend kann die Holzoberfläche mit Lasuren oder Ölen behandelt werden. Diese müssen zur speziellen Holzart passen. Probeweise sollte vor einer flächigen Behandlung der Bretter vor oder nach dem Terrassenbau ein Abfallbrett mit dem gewählten Holzpflegemittel behandelt werden. Meist sind

im Ausstellungsgelände eines Holzhandels auch Beispiele zu finden, bei denen die Bretter mit und ohne Oberflächenbehandlungsmitteln gezeigt werden.
Farben, Lasuren und Öle dringen nicht tief in die Holzzellen ein, sondern bleiben nur oberflächlich haften. Damit lässt sich beispielsweise eine farbliche Wirkung an geschützten Holzbauteilen erzielen (z.B. durch einen Farbanstrich der Pfosten einer Pergola) oder kurzzeitig ein Holzschutz bewirken (z.B. durch das Auftragen eines speziellen Öls auf die Bretter). Durch die ständige Benutzung und den Abrieb bleibt dieser oberflächliche Schutz aber nur begrenzt erhalten. Das Anstreichen oder Ölen erfordert eine ständige Nachbehandlung – je nach Holzart, Holzbehandlungsmittel, Lage und Nutzung der Terrasse (im Beispiel 7.2, Seite 53 ff. war der Holzschutz nicht lange wirksam und wurde deshalb auch nicht mehr erneuert).
Die Holzpflege richtet sich, wie so oft, nach der Holzart, der Lage, der Nutzung und nach der Jahreszeit. In der Regel ist im Frühjahr nach der Winterpause eine gründliche Reinigung fällig. Bei dieser Gelegenheit wird der Holzboden von Ablagerungen und Algen befreit. Zudem ist die Zeit vor der Gartensaison für Reparaturen günstig. So gilt es, rissige Bretter abzuschleifen, morsche Bretter zu ersetzen, den Unterbau auf marode Stellen zu untersuchen und gegebenenfalls zu

5.5 Die Behandlung mit Holzschutzmitteln bietet nur begrenzten Schutz, indem das Holz für die Schädlinge ungenießbar gemacht, d.h. vergiftet wird.

5.6 Trotzdem schreiben einschlägige Holzbau-Normen für Konstruktionshölzer einen chemischen Holzschutz vor.

5.7 Unterkonstruktionen aus Stahl werden durch Feuerverzinken (Tauchen im Zinkbad) dauerhaft vor Korrosion geschützt.

5.8 Baustahlmatten in der Verzinkerei.

reparieren, Geländer zu überprüfen und weitere Wartungsarbeiten durchzuführen. Diese und andere Pflegearbeiten können natürlich auch während der Saison ausgeführt werden. Keinesfalls dürfen aber Reparaturen von Schadstellen aufgeschoben werden, die eine Unfallgefahr darstellen.

Rostschutz von Metallteilen

Stahlbauteile, die für Unterbau-Konstruktionen zum Einsatz kommen, lassen sich durch industrielles Verzinken gut vor Rost schützen. Stahlträger, Balkongeländer, Spalierelemente und andere Metallteile werden dabei, nachdem sie montagefertig bearbeitet sind, in der Verzinkerei durch Tauchen mit einer dünnen Zinkschicht überzogen und wetterfest versiegelt. Dies ist natürlich nur bei neuen Bauteilen möglich. Alte, bereits verwitterte Metallteile brauchen vorher eine Sandstrahlbehandlung oder sie müssen mühsam per Hand mit Winkelschleifer und Stahlbürste vom Rost befreit werden. Verzinkereien und Firmen, die sandstrahlen, sind im Branchentelefonbuch zu finden.

5.9 Durch die luftige Lagerung sind die Lärchenbretter zwar vergraut, aber auch nach Jahren gut erhalten und ansehnlich.

6 Konstruktion und Befestigungselemente

Bretter und Lagerbalken

Unabhängig von Form und Größe der jeweiligen Holzterrasse gibt es Konstruktionsregeln, die beim Bau von Holzterrassen allgemein einzuhalten sind.

So dürfen die Bretter keine zu großen Zwischenräume zwischen den Lagerbalken überspannen. Die Abstände der Lagerbalken sind der Brettstärke anzupassen. Bei Brettern mit 26 – 28 mm Stärke (je nach Holzart) ist ein maximaler Abstand der tragenden Unterkonstruktion von 60 cm einzuhalten. Bretter mit 21 mm Stärke dürfen maximal 40 cm überspannen. Das gilt auch für die 22 bis 25 mm starken Thermoholz-Bretter, da sie durch die Hitzebehandlung nicht mehr die gleiche Festigkeit haben wie Konstruktionshölzer. Grundsätzlich sind etwas geringere Abstände der Lagerbalken im Hinblick auf die Stabilität günstig, denn sie verhindern den Verzug der Bretter durch die ständige Nutzung oder die Belastung durch Möbel, Tröge und dergleichen.

Bei dünnen Brettern und engen Lagerbalkenabständen sind damit auch entsprechend mehr Punktfundamente nötig. Deshalb kann es sich lohnen, statt der meist preisgünstigeren dünnen Bretter besser die stärkeren Bretter zu wählen, weil dadurch die Abstände der Lagerbalken größer sein können und weniger Fundamente gebaut werden müssen.

Die Tragkonstruktion

Was für den Bretterbelag gilt, trifft auch für die Lagerbalken zu. Mit starken Konstruktionshölzern lassen sich größere Zwischenräume überspannen als mit schwachen, was sich ebenfalls auf die Zahl der nötigen Fundamente auswirkt. Stahlprofile erlauben die größten Spannweiten. Ihre Anfertigung ist allerdings durch die Metallbearbeitung, den Rostschutz in einer Verzinkerei und den unter Umständen schwierigeren Transport auch aufwendiger und kostspieliger. Zudem erfordert die Metallbearbeitung spezielle Fertigkeiten und Werkzeuge, so dass ein Unterbau aus Stahlprofilen für den Selbstbau in der Regel nicht infrage kommt. Dennoch ist es gelegentlich

Unkrautschutz

Um zu vermeiden, dass sich unter dem Holzdeck auf dem Boden Pflanzen ansiedeln und nach oben durchwachsen, sollte der Mutterboden mit einer Mulchfolie oder einem Geotextil abgedeckt werden. Diese(s) wird anschließend mit Kies beschwert und abgedeckt.

6.1 *linke Seite*
Holzterrasse mit Lagerung auf Gehwegplatten.

6.2 Die Lagerbalken sind auf den Gehwegplatten ausgelegt.

6.3 Montieren und Ablängen der Bodenbretter.

lohnenswert, eine Metallkonstruktion als Alternative zur Holzbauweise in Betracht zu ziehen und Kostenvoranschläge von Holz- und Stahlbaufirmen gleichermaßen einzuholen oder wenigstens einmal die Baustoffpreise zu vergleichen (z.B. Preisvergleich für Stahlprofile und entsprechende Holzbalken).

Selbstverständlich ist die Materialwahl auch eine Frage der Gestaltung und des persönlichen Geschmacks. Wenn massive Holzbalken zu wuchtig aussehen, kann die graziler wirkende Stahlkonstruktion trotz des etwas höheren Preises die bessere Wahl sein.
Auf jeden Fall sollte die Unterkonstruktion mindestens genauso haltbar sein wie der Bretterboden. Es lohnt sich beispielsweise nicht, statt der etwas teureren Lärchenholzbalken für die Unterkonstruktion die preisgünstigeren Kiefernholzbalken zu nehmen – es sei denn, letztere erhalten einen wasserabweisenden Holzschutz und sind oben mit einem Dachpappstreifen vor eindringendem Wasser geschützt (Beispiel 7.1: Lärchenholzterrasse mit Pergola S. 45 ff.).
Bei der Zusammenstellung der Hölzer sind die Betreiber der Sägewerke oder Fachberater der Holzhandlungen, die langjährige Erfahrungswerte haben, in der Regel gern behilflich. Bauanleitungen und Konstruktionshinweise sind ebenfalls in den Prospekten der Lieferanten und Baumärkte zu finden.

6.3 Eine größere Spannweite der Tragbalken wie in diesem Beispiel erfordert einen größeren Holzquerschnitt.

Tabelle 6.1
Richtwerte für den Mindest-Holzquerschnitt (Breite x Höhe in cm) von Lagerbalken für verschiedene Spannweiten und Balkenabstände, für europäisches Nadelholz bei einer Lastannahme von 5 kN/m² (entsprechend 500 kg/m²) als anzunehmende Verkehrslast für Terrassenböden. Die Bemessung von Unterzügen, auf denen mehrere Lagerbalken größerer Spannweite aufliegen ist damit nicht möglich.

Spannweite	Balkenabstand 40 cm Belastung = 2 kN/m			Balkenabstand 60 cm Belastung = 3 kN/m		
1,0 m	6 x 6			6 x 8		
1,5 m	6 x 10	8 x 8		6 x 10	8 x 10	
2,0 m	6 x 12	8 x 10	10 x 10	6 x 14	8 x 12	10 x 12
2,5 m	6 x 14	8 x 14	10 x 12	6 x 16	8 x 14	10 x 12
3,0 m	6 x 18	8 x 16	10 x 14	6 x 20	8 x 18	10 x 16
3,5 m	6 x 20	8 x 18	10 x 16	6 x 22	8 x 20	10 x 20
4,0 m	6 x 22	8 x 20	10 x 20	6 x 26	8 x 24	10 x 22

Richtwerte für den Holzquerschnitt von Lagerbalken (in cm x cm Breite x Höhe)

Verlegung des Holzbodens

Jeder Holzboden im Freien sollte ein geringes Gefälle aufweisen. Am besten liegen die Bretter so, dass das Regenwasser in den Rillen oder Nuten weg vom Haus abfließt. Demnach müssen die Lagerparallel parallel zum Haus liegen. Das ist allerdings nicht immer machbar bzw. erwünscht. Aber auch wenn die Bodenbretter aus Konstruktionsgründen oder wegen der besseren optischen Wirkung parallel zum Haus liegen, ist beim Bau ein Gefälle der ebenen Fläche von mindestens 2% einzuhalten. Zu empfehlen ist weiterhin ein Höhenabstand der Holzbauteile von 15 cm zum Erdreich, was aufgrund der Höhensituation im Haus und draußen nicht immer einzuhalten ist bzw. ein Abtragen von Erdreich im Terrassenbereich erfordert. Mit Punktfundamenten fällt es insgesamt leicht, einen entsprechenden Raum unter dem Holzfußboden freizuhalten, indem die Fundamente ein Stück aus dem Boden herausragen. Beim schwimmenden Aufbau trennen eine Vegetationsschutzfolie bzw. ein Geovlies und eine Rollkiesauflage den Erdboden vom Holz.

Damit der Wasserabzug gut funktioniert und eine optimale Hinterlüftung gewährleistet ist, müssen Fugenabstände von 1 – 2 cm zwischen den Brettern und an den Stirnseiten der Bretter eingehalten werden. Geringe Auflageflächen der Lagerbalken auf den Fundamenten und der Bretter auf den Lagerbalken durch Abstandshalter sind ebenfalls förderlich für raschen Wasserabzug und gute Hinterlüftung. Die Bretter dürfen deshalb auch nicht direkt an die Hauswand anstoßen, sondern sollten einen Mindestabstand von 2 cm einhalten. Ob glatte oder geriffelte Bretter bzw. Bretter mit oder ohne rückseitige Nuten gewählt werden, ist Geschmackssache. Glatte Bretter lassen sich leichter reinigen, etwa wenn beim Betreten nach der Gartenarbeit Erde auf den Boden fällt.

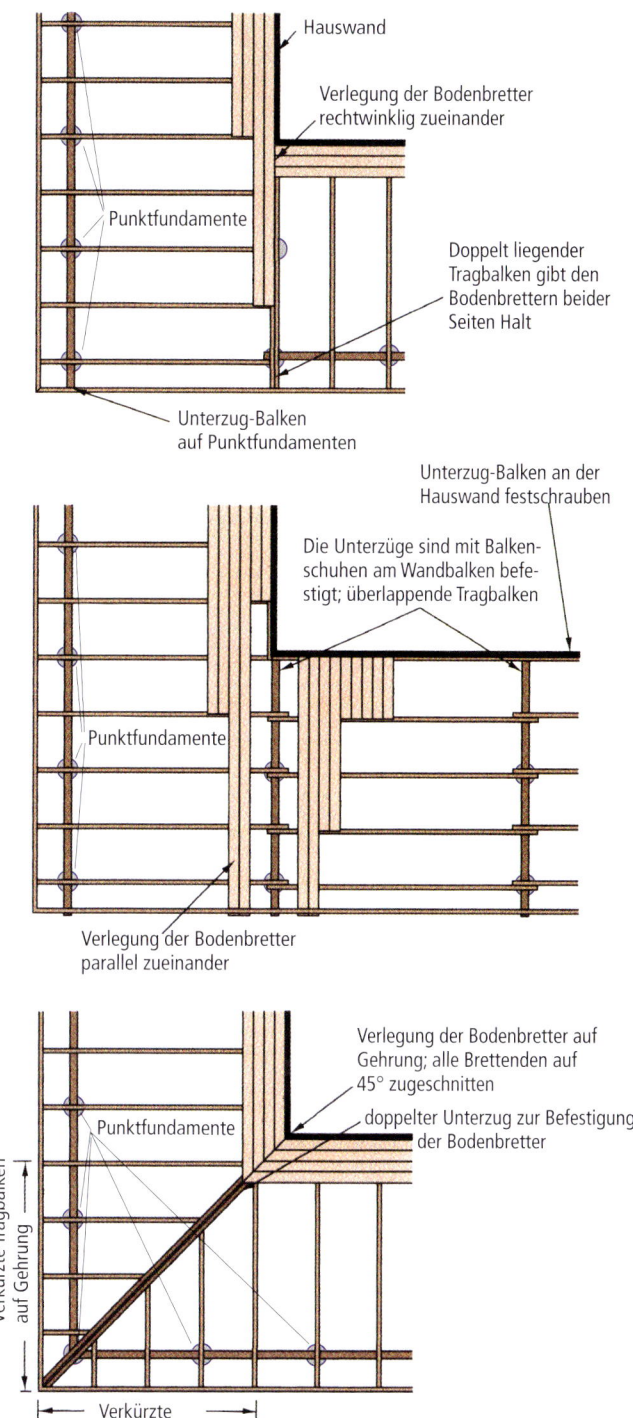

6.4 Die Art der Verlegung der Bodenbretter beim „Holzdeck über Eck" bestimmt den optischen Eindruck der fertigen Terrasse erheblich, erfordert aber auch einen darauf abgestimmten Unterbau.

6.5 Bohrer und Schrauben zum Befestigen der Bretter (von links): Senkkopf, Edelstahlschraube, Bohrer mit integriertem Senkkopf (zum Vorbohren), Senkkopf groß, Forstnerbohrer für Löcher mit größerem Durchmesser, Betonbohrer.

6.6 Selbstschneidende Edelstahlschrauben.

6.7 Edelstahlkrampen für das verdeckte Befestigen der Bodenbretter.

Schrauben als Befestigungsmittel

Zum Befestigen der Bretter sind nur Edelstahlschrauben geeignet. Verzinkte Schrauben oxidieren mit der Zeit und verursachen Flecken im Holz. Außerdem ist das Lösen nach einigen Jahren nicht mehr möglich, z.B. wenn es nötig ist, morsche Bretter zu ersetzen. Edelstahlschrauben kosten zwar mehr, sie bleiben aber rostfrei. Auch dürfen keine Metallteile auf den Boden gestellt werden (z.B. Blumenkübel oder Gießkannen aus Metall), denn Eisen führt in Verbindung mit Feuchtigkeit zu dunklen bis schwarzen Verfärbungen am Holz.

Selbstschneidende Schrauben für den Terrassenbau erleichtern die Arbeit ganz wesentlich, denn sie ersparen das Vorbohren bei Nadelholzbrettern (z.B. Lärche, Douglasie, Kiefer). Harthölzer müssen an den Schraubstellen stets vorgebohrt werden, und zwar auch bei der Nutzung von selbstschneidenden Schrauben. Für Harthölzer gibt es Edelstahlschrauben mit besonders geformten Köpfen und einem höheren Bruchmoment. Das heißt, diese Schrauben lassen sich vollständig ins Holz eindrehen, und sie reißen nicht so schnell ab wie herkömmliche Edelstahlschrauben. Gewöhnliche Senkkopfschrauben dringen nicht vollständig ins Holz ein, wenn nach dem Vorbohren das Bohrloch nicht auch angesenkt wird.

Länge und Stärke der Schrauben richten sich nach der Stärke der Bretter. Edelstahlschrauben mit 4,5 oder 5 mm Stärke und 60 mm Länge sind für die gebräuchlichen Bretter (25 – 28 mm Stärke) ausreichend. Wer stärkere Bretter nimmt, etwa bei der Nutzung von eigenem Bauholz aus dem Forst, muss entsprechend längere Schrauben wählen. Zum Ausgleichen und Unterlegen bietet der Handel neben den Abstandshaltern in verschiedenen Varianten spezielle Auflageklötzchen aus Kunststoff an.

Gewöhnlich werden die Schrauben sichtbar von oben ins Holz gedreht. Einige Hersteller bieten auch Systeme an, die eine Befestigung von unten ermöglichhen. Dadurch sind keine Schraubköpfe auf der Holzterrasse sichtbar, die Gefahr, dass sich kleine

Pfützen in zu tief angesenkten Bohrlöchern bilden, ist ausgeschlossen und die Holzoberfläche bleibt unverletzt. Die verdeckte Verschraubung ist beispielsweise auf Holzdecks am Schwimmteich zu bevorzugen, bei denen der Boden als Liegefläche oder zum Barfußlaufen dient. Durch diese Befestigungstechnik sind auch Farbveränderung im Holz zu vermeiden, die durch eine Reaktion des Metalls mit den Gerbstoffen im Holz entstehen.

Ebenso wie bei der Wahl des Bauholzes lohnt es sich auch bei der Entscheidung für ein Befestigungssystem, den Markt zu erkunden. Ergänzend zu den Schrauben gibt es Abstandshalter, mit denen sich eine stets gleiche Fugenbreite zwischen den Brettern exakt einhalten lässt, sowie Unterlegleisten oder -keile, die für einen geringen Abstand zwischen Lagerhölzern und Brettern sorgen. Dadurch ist eine ständige Luftzirkulation gewährleistet, die vor Fäulnis schützt, weil das Holz nach Regen rasch austrocknen kann. Neben den – je nach Holz und Bauart – passenden Befestigungselementen hat der Fachhandel auch Werkzeuge und Hilfsmittel im Sortiment, die beim Terrassenbau nützlich sind. So müssen

je nach Schrauben-Typ die richtigen Schraubereinsätze zur Verfügung stehen (z.B. für Inbus- oder Kreuzschlitzschrauben). Es lohnt sich, hochwertige Werkzeuge zu kaufen, die besonders gehärtet sind. Billige Produkte brechen leicht aus oder beschädigen die Schraubköpfe. Hilfreich sind auch Spannzwingen. Mit diesen speziellen Werkzeugen für den Holzterrassenbau lassen sich leicht verzogene Bretter in Form bringen. Der Einsatz weiterer Hilfsmittel wird bei den praktischen Beispielen gezeigt (ab Seite 45).

6.8 Montage der verdeckten Befestigung: Zunächst das Brett nach dem Auslegen mit dem Hammer festklopfen ...

6.9 ...dann Krampen auslegen und den Dorn seitlich ins Holz einschlagen...

6.10 ...Bretter mit einer Spezialzwinge zusammen pressen...

6.11 ... mit einem Fäustel festklopfen und die Krampen auf den Lagerbalken festschrauben.

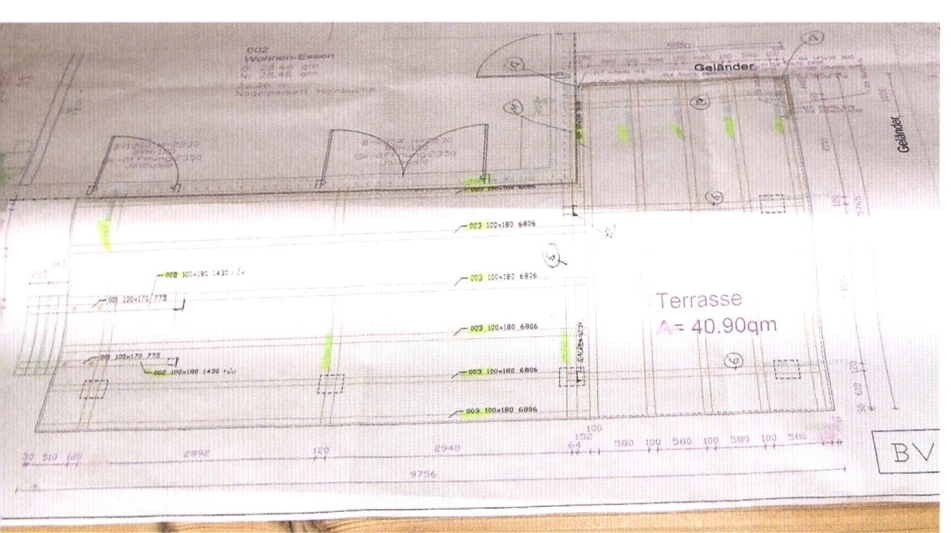

1 Die Holzterrasse aus Lärchenholz kurz vor der Fertigstellung.

2 Die Planung der Terrasse hat der Hausersteller in Zuge der Neubauplanung erledigt. Terrassenfläche gesamt: 41,4 qm

Gesamtlänge: 9,75 m, Länge am Haus: 6,83 m, Breite vorn: 3,59 m; Breite hinten: 2,17 m, Fläche vorn: 24,5 qm, hinten: 16,8 qm; Balkenquerschnitt Unterkonstruktion: 200 x 120 mm; Balkenquerschnitt Auflager: 180 x 100 mm

7 Baubeispiele

7.1 Holzterrasse mit Pergola

Eine Holzterrasse als Wohnraumerweiterung

Eine Terrasse ist als Wohnraumerweiterung heutzutage fast Standard. Bei dem hier vorgestellten neu errichteten Holzhaus in leichter Hanglage hat der Haushersteller die Holzterrasse entsprechend dem Wunsch der Baufamilie gleich mit eingeplant (Abb. 1, linke Seite). Und da ein Holzhaus errichtet wurde, hat der Hersteller obendrein auch gleich alle notwendigen Vorbereitungen getroffen, damit die Terrasse durch die Baufamilie in Eigenleistung fertiggestellt werden konnte.

So wurden im Zuge der Erdarbeiten am Haus stabile, imprägnierte Pappröhren als Schalung für die Terrassenfundamente eingegraben. Der Hersteller lieferte auch das Bauholz und übernahm die Befestigung der Fundament- und Lagerbalken. Nur der Bretterboden musste vom Eigentümer montiert werden. Mit rund 40 qm bietet die Terrasse reichlich Platz als Aufenthaltsraum im Freien.

3 Die Punktfundamente wurden bereits beim Kellerbau vorbereitet. Eingegrabene imprägnierte Papprohre müssen nur noch mit Beton gefüllt werden.

4 Nach dem Abbinden des Betons lässt sich die Pappschalung entfernen. Die massiven Punktfundamente dienen als Basis für die Balken.

5 Auf einer Seite liegen die Lagerbalken auf den Punktfundamenten auf, am Haus sind sie mit Winkelverbindern (Balkenschuhen) angeschraubt.

6 Die Winkelverbinder (Balkenschuhe) sitzen auf einem Querbalken, der in Höhe der Kellerdecke an der Hauswand festgeschraubt wird.

7 Die Balken müssen ein geringes Gefälle (2%) nach außen haben, damit Regenwasser abfließen kann. Für den Höhenausgleich können Dachpappstreifen untergelegt werden.

8 Nach dem Auflegen und Vorbohren können die Balken festgeschraubt werden. Als Lagerhölzer dienen Balken aus Fichten- oder Kiefernholz.

9 Zum Schutz vor Nässe werden die Balken mit Dachpappe abgedeckt, welche mit Drahtstiften gegen Verrutschen fixiert sind.

10 Auf dem Unterbau können die Tragbalken für den Bretterboden aufgelegt und mit verzinkten langen Spaxschrauben festgeschraubt werden.

11 Die Treppe wurde als Bausatz geliefert. Die Balken (16 x 10 cm) werden mit Gewindestangen oder langen Schrauben zusammengeschraubt.

Für den Unterbau der Holzterrasse wurden Fundamentbalken aus Kiefer oder Fichte eingesetzt, wobei auf eine Imprägnierung mit chemischen Holzschutzmitteln verzichtet wurde. Die Fundamentbalken liegen auf der hausabgewandten Seite luftig auf den Punktfundamenten auf und werden oben mit Dachpappe vor Wasser geschützt. Die Stärke der Fundamentbalken (Querschnitt: 20 x 12 cm) wurde so bemessen, dass 6 Punktfundamente vor dem Haus ausreichen. Zur Befestigung am Haus wurden in Höhe der Kellerdecke Balken an die Hauswand angeschraubt und an diesen die Fundamentbalken mit Winkelverbindern (Balkenschuhen) befestigt. Je größer die Fundamentabstände sind, die sie überbrücken müssen, umso stärker müssen die Balken sein. Der Abstand der darübergelegten Tragbalken beträgt 56 cm, so dass übliche Bodenbretter mit 28 mm Stärke als Terrassenbelag ausreichen. Für einen Nachbau unter anderen räumlichen Rahmenbedingungen können die Fundamente in Zahl und Lage dem Bauholz angepasst werden. In diesem Beispiel war die Holzterrasse bereits passend zum Holzhaus geplant worden.

13 Nachdem auch die Lagerbalken mit Dachpappstreifen abgedeckt wurden, kann die Montage des Holzbodens beginnen.

12 Diese einfache Lösung erspart ein Fundament für die Treppe: Die stufenförmig zusammengesetzten Balkenabschnitte werden nur an den Tragbalken festgeschraubt.

Spezielle selbstschneidende Edelstahlschrauben ersparen das Vorbohren und Einsenken.

14 Ist der Unterbau fertiggestellt, geht die Montage der Fußbodenbretter zügig voran und ist auch für die kleinen Helfer ein spannender Prozess.

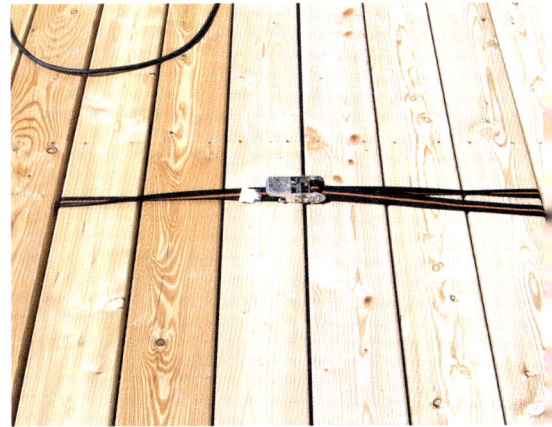

15 Um leichte Verwerfungen der Bretter zu korrigieren, werden diese vor dem Verschrauben mit einem Spanngurt in die richtige Lage gezogen.

16 Damit das Regenwasser abfließenen kann, sind geringe Fugen (hier 1 cm) zwischen den Brettern nötig. Dafür wurden Abstandshölzchen vorbereitet.

17 Brett für Brett wird der Holzboden fertiggestellt. Wie hier bei einer Hanglage ist der Bau einer Holzterrasse erheblich einfacher zu bewerkstelligen als es der Bau einer Steinterrasse wäre, die einen massiven Unterbau erfordert.

18 Für den finalen Schnitt am Rand ist ein Anschlag hilfreich. Eine Metallschiene gibt der Kreissäge die nötige Führung.

Die Arbeitsschritte:
- Punktfundamente herstellen: die bereits eingegrabenen imprägnierten Pappschalungen (Wickelpapprohre) mit Beton füllen;
- Baustelle mit Rollkies aufschütten; Gehobelte Fichtenholzbalken (Querschnitt: 20 x 12 cm) für den Unterbau auslegen und vorbereiten; Winkelverbinder montieren;
- Balken mit Mauerankern am Haus festschrauben (in Höhe der Kellerdecke);
- Balken in die Winkelverbinder einsetzen und auf Punktfundamente auflegen; Bitumenstreifen als Holzschutz und zum Ausgleichen der Höhe unterlegen;
- Lage mit Wasserwaage prüfen; falls nötig durch Unterlegen oder Ausschneiden ausgleichen;
- Balken mit Bitumenstreifen abdecken; die Streifen müssen beiderseits überlappen, damit die Balken vor Wasser geschützt sind;
- Balken für den Bretterboden auflegen, mit passenden Abständen einrichten (Spannweite hier 56 cm) und festschrauben;
- Vorgefertigte Treppe montieren; Lärchenholzbretter mittels Abstandshölzchen mit Edelstahlschrauben befestigen, die sich ohne Vorbohren und Einsenken bündig ins Holz drehen lassen; Schraubstellen mit Stift anzeichnen, um ein sauberes geradliniges Schraubenbild zu erzielen;
- Überstehende Bretter mit Hilfe einer Richtlatte absägen;
- Geländer montieren.

19 Geländer montieren. Als Absturzsicherung erhält die Holzterrasse an 2 Seiten ein Geländer. Die Pfosten werden mit Gewindeschrauben (Schlüsselschrauben) an den Fundamentbalken festgeschraubt.

Pergola als Schattenspender

Eine südseitig liegende Terrasse braucht für klare Sommertage einen wirksamen Sonnenschutz. Das können zunächst Sonnenschirme sein oder preiswerte Sonnensegel. Langfristig lohnt sich die Anschaffung einer Markise. Auch eine bewachsene Pergola aus Holz oder Metall kann guten Schutz vor Sonneneinstrahlung bieten. Zu bedenken ist dass deser luftige Aufbau dauerhaft einen mehr oder weniger rustikalen Baukörper am Haus darstellt. Die Entscheidung für eine Pergola sollte auch hinsichtlich der Bepflanzung gut überlegt werden. Beim Einsatz von sommergrünen Kletterpflanzen stört der Bewuchs insbesondere an lichtarmen Wintertagen nicht. Im Sommer wirken Weinreben, Blauregen, Kletterrosen oder andere Arten als luftige Laube. Falls nötig lassen sie sich mit zusätzlichen Spannseilen über der gesamten Pergola-Dachfläche verteilen. Bei Weinreben ist zu bedenken, dass die Trauben gerne von Amseln verspeist werden. Früchte fallen zu Boden und hinterlas-

20 Durch den Ausschnitt an den Geländerpfosten (Überblattung) lassen sich diese mit nur einer Schlüsselschraube fest am Fundamentbalken montieren.

21 Die großzügige Holzterrasse ist ein willkommener Wohnraum im Freien. Durch die luftige Lagerung wird der Holzboden viele Jahre halten.

22 Holzbearbeitung mit Oberfräse. Ebenso wie die Geländerpfosten sitzen auch die Pergolabalken richtig fest, wenn sie mit Überblattung festgeschraubt werden. Das Ausschneiden (Ausklinken) erfolgt mit einer Oberfräse.

23 Zum Entfernen stehengebliebener Holzreste ist ein Stemmeisen nützlich.

sen Flecken auf dem Holz. Während der Reifezeit kann daher ein Belag, z.B. ein Teppich, zum Schutz des Holzes nützlich sein. Es dauert einige Jahre bis die Kletterpflanzen einen dichten Bewuchs bilden. Bis dahin bietet eine Schilfrohrmatte, ein Segeltuch oder ein Raffrollo einen wirksamen Sonnenschutz. Diese zusätzlichen Schattenspender können später weiterhin nützlich sein, zumal die sommergrünen Kletterpflanzen erst im Mai austreiben.

24 Brett ausschneiden. Damit die Pergolapfosten bündig an den Balken anliegen, müssen die überstehenden Bretter an den Montagestellen abgesägt werden. Dazu eignet sich auch eine Stichsäge.

25 Pfosten festzwingen.
Nach diesen Vorbereitungen kann der erste Pfosten platziert werden. Zum Fixieren ist eine Schraubzwinge hilfreich.

26 Pfette festschrauben.
Sobald beide Pfosten festgeschraubt sind, kann die Pfette aufgelegt werden. Zum Befestigen sind zwei Bohrungen nötig.

27 Sparren festzwingen.
Am Haus bieten sich die überstehenden Sparren als Haltepunkte an. Zum Durchbohren werden die Balken zunächst mit Schraubzwingen befestigt.

Pergola aus Holz

Holzpergolen sind als Bausätze zu bekommen, können aber ebenso gut nach eigenen Entwürfen hergestellt werden. Beim eigenen Entwurf ist man in der Wahl der Materialien freier. Als wetterfestes Bauholz wurde in diesem Baubeispiel Lärchenholz eingesetzt, das kerngetrennt und gut getrocknet war. Als hochwertigere Alternative kämen Leimholzbinder in Betracht, die allerdings erheblich teurer sind als massive Balken. Für eine nicht verglaste Pergola, bei der dauerhafte Formstabilität und Verwindungsfreiheit der Balken nicht so bedeutsam sind, reichen kerngetrennte Holzbalken aus.

Die Pfette oder Pfetten (bei einer freistehenden Pergola) müssen der Belastung der Sparren standhalten und eine angemessene Stärke (hier: 18 x 14 cm Querschnitt) haben. Die Sparren wiederum dürfen sich bei der zu überspannenden Länge nicht durchbiegen. Bei der Berechnung der Maße und der Beschaffung des Bauholzes für die Holzterrasse kann der Händler oder das Sägewerk anhand einer Skizze die passenden Balken ermitteln. Für die Montage sind die passenden Befestigungselemente zu besorgen. Gewöhnlich genügen Holzschrauben und evtl. einige Winkelverbinder.

28 Sparren auflegen. Vorne liegen die Sparren der Pergola auf der Pfette auf. Die Überstände können frei gewählt werden.

29 Zum Befestigen dienen wieder Schrauben, die nach dem Vorbohren eingedreht werden. Vorher ist darauf zu achten, dass die Pfosten exakt senkrecht stehen.

Arbeitsschritte
- Standort und gewünschte Größe ermitteln und Skizze (Grundriss und Seitenansicht) mit Maßangaben zeichnen,
- Bauholz bestellen und Lieferung anfordern;
- Balken bis zur Verarbeitung trocken lagern;
- Pfosten zuschneiden und für die Montage vorbereiten (zum Anblatten am Fundamentbalken aussägen, hobeln oder ausstemmen);
- Pfosten aufstellen und am Fundamentbalken festschrauben;
- Pfette zuschneiden, auf die Pfosten auflegen und mit Schrauben befestigen;
- Lage und Abstände der Sparren ermitteln und auf der Pfette kennzeichnen;
- Sparren zuschneiden, vorbohren, auflegen und festschrauben;
- Eckstreben für Aussteifungen anfertigen und befestigen.

Tipp
Eventuell können die Sparren des Hausdaches als Haltepunkte für die Sparren der Pergola genutzt werden (wie im Bildbeispiel). Dann bleibt die Befestigung einer zweiten Pfette an der Hauswand erspart. Bei dieser Montageart sind die Abstände der Sparren durch die des Hausdaches vorgegeben.

30 Geschafft! Gleich nach der Fertigstellung lädt die Holzterrasse zum Aufenthalt ein. Die Pergola erhält noch zwei Eckstreben (Kopfbänder) zur Aussteifung.

31 Die Eckstreben geben der Balkenkonstruktion zusätzliche Stabilität. Sie wurden aus übriggebliebenen Holzabschnitten angefertigt.

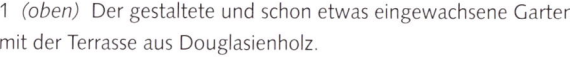

1 *(oben)* Der gestaltete und schon etwas eingewachsene Garten mit der Terrasse aus Douglasienholz.

2 (links) Die Baustelle. Das finnische Holzhaus ist fertig. Jetzt kann endlich mit der Gartengestaltung begonnen werden. Die Holzterrasse soll an der Südseite angedockt werden.

3 Löcher bohren mit dem Erdbohrer: Ein leistungsfähiger Erdbohrer mit Benzinmotor ist bei Geräte-Mietzentralen zu bekommen. Ein Test zeigt, ob er für den vorhandenen Boden geeignet ist.

4 Der Bohrer arbeitet sich tief in den Lehmboden hinein, wirft jedoch zu wenig Erde aus. Daher wurde am Ende ein Baggerführer mit den Bohrungen beauftragt.

7.2 Terrasse aus Douglasienbrettern und Lärchenholzbalken

Nach der Fertigstellung eines Neubaus sieht der Garten oft wüst aus, vor allem wenn Baumaschinen den Boden verdichtet haben und obendrein Abfall und Reste von Baustoffmaterial herumliegen. Dennoch oder gerade deshalb besteht, wie auch im vorliegenden Fall, fast immer der Wunsch, möglichst schnell einen Sitzplatz im Freien zu schaffen, um den Garten wenigstens stellenweise nutzen zu können. In Eigenleistung ist das am einfachsten durch den Bau einer Holzterrasse möglich, vor allem, wenn es Höhenunterschiede im Gelände zu überbrücken gibt und zur Belichtung von Aufenthaltsräumen im Keller Geländeeinschnitte nötig sind.

In diesem Beispiel dient Douglasienholz aus einem Baumarkt als Bodenbelag für die knapp 4,5 x 5,5 m große, rechteckige Terrasse. Den Unterbau bilden wieder Punktfundamente, die hier aus eingegrabenen Betonrohren hergestellt und mit Beton verfüllt wurden. Damit ließ sich der Höhenunterschied zwischen Garten und Haus ohne Erdaufschüttung ausgleichen. Diese Betonfertigteile sind 1 m lang und mit verschiedenen Durchmessern in jeder Baustoffhandlung erhältlich. Sie werden einfach in schlanke, in den Boden gegrabene Löcher gestellt und ersparen aufwändiges Graben und das Herstellen einer Schalung aus Brettern.

Vielmehr dienen die Rohre selbst als verlorene Schalung.
Die Abstände zwischen den Punktfundamenten richten sich nach dem Tragquerschnitt der Balken und nach der Brettstärke der Dielen. Bei handelsüblichen Brettern mit einer Stärke von 26 bzw. 28 mm ist ein Abstand der Lagerbalken von höchstens 60 cm einzuhalten. Entsprechend sollten die Fundamente in jeder Reihe einen maximalen Abstand von 60 cm haben. Im Beispiel überspannen die Balken 2 m. Für die 4,5 m breite Terrasse (mit Überstand auf beiden Seiten) genügen demnach 3 Reihen mit Fundamenten. Die Lage der Fundamente wird stets ausgehend vom Haus gemessen und festgelegt. Der Holzboden sollte möglichst bündig mit der Fußbodenhöhe im Erdgeschoss des Hauses abschließen. Entsprechend hoch müssen die Punktfundamente sein, wobei die Höhe der Lagerbalken plus Brettstärke hinzuzurechnen ist. Bei Bedarf wird in den Erdlöchern Beton unterfüllt, eine Maßnahme, die auch hilft, um ein Fundament zu verlängern und Gefälle im Gelände in gewissem Umfang auszugleichen.

Für eine großflächige Holzterrasse sind relativ viele Punktfundamente nötig, in diesem Fall waren es 25 Stück. Beim Graben der Erdlöcher leistet ein „Handbagger" gute Dienste, zumal

5 Baustelle ausmessen und Bohrstellen festlegen. Nach dem Festlegen der Lage der Punktfundamente im Grundriss können die Bohrstellen auf der Baustelle vermessen und markiert werden. Ebenso werden die Eckpunkte der Terrasse markiert.

6 Sobald alle Eckpunkte festgelegt sind, erfolgt das Ausgraben der Löcher und das Einsenken der Betonrohre. Sie müssen alle in gleicher Tiefe gründen bzw. in gleicher Höhe enden.

6 Die Fundamentabstände richten sich nach der Terrassenbreite. Der notwendige Balkenquerschnitt ergibt sich durch die Spannweite.

7 Die Arbeit mit dem Erdbohrer gestaltet sich schwieriger als es aussieht. Bei dem vorliegenden Lehmboden wirft die Schnecke nicht genug Boden aus.

8 Für die ersten Löcher ist der Erdbohrer noch nützlich. Die nächsten Bohrungen erledigt dann der Minibagger in Serie.

9 Mit dem Bagger sind die Bohrungen mühelos und in kurzer Zeit zu schaffen. Hier werden nach dem Bohren der Löcher für die Terrasse auch gleich noch Löcher für die Zaunfundamente gebohrt.

10 An der Böschung müssen die Betonrohre unten durch lose eingefüllten Beton bis in frostfreie Tiefe „verlängert" werden. Die Schwelle der Fenstertüren gibt das Maß für die Oberkante der Rohre vor.

11 Die Rohre dienen als Schalung für den Beton. Außen genügt es, die Aushuberde anzufüllen und zu verdichten.

12 Am Haus sollen die Tragbalken auf einem Holzbalken aufliegen, der am Haus festgeschraubt ist. Dazu wird der Balken in der entsprechenden Höhe eingerichtet und provisorisch fixiert.

13 + 14 Die Bohrstellen werden auf dem Holz markiert. Beim Durchbohren des Balkens an Ort und Stelle zeichnen sich die Bohrstellen an der Wand ab.

sich mit diesem Doppelspaten schmale, tiefe Löcher recht gut herstellen lassen. Bei schwerem Lehmboden wie in diesem Fall kann der Einsatz eines motorbetriebenen Erdbohrers die Arbeit erleichtern. Und wenn viele Löcher herzustellen sind, lohnt sich sogar der Einsatz eines Minibaggers mit Erdbohrer. Ein geübter Baggerführer erledigt die Grabarbeiten in kurzer Zeit und erspart damit den mühsamen Aushub von Hand. Nach dem Bohren oder Graben der Löcher und dem Einsenken der Betonrohre erfolgt das Ausrichten der Rohre. Alle Rohre müssen in geraden Reihen und auf gleicher Höhe sitzen. Richtschnüre und Richtlatten sind für diese Arbeit unverzichtbar.

Stellenweise kann es nötig sein, die Löcher nachzugraben, wenn Rohre zu hoch herausragen, oder ein Loch mit Beton aufzufüllen, wenn das Rohr zu tief sitzt. Nach dem Ausrichten werden alle Rohre bis zum Rand mit Beton gefüllt. Während der Beton abbindet (aushärtet), können auf der Baustelle andere Arbeiten erledigt werden, z.B. das Befestigen des Lagerbalkens am Haus.

Erst nach dem Abbinden des Betons werden die Lagerbalken auf die Be-

14

15 Dort werden anschließend mit dem Bohrhammer die Löcher in den Beton gebohrt Der Balken wird in der Höhe der Kellerdecke befestigt. Im Beton haben die Schrauben einen festen Halt.

16 Dübel einsetzen. Zum Anschrauben an die Betondecke genügen gewöhnliche lange Kunststoffdübel. Bei einem Ziegelmauerwerk sind spezielle Maueranker nötig.

17 Für die Befestigung sind Schlüsselschrauben gut geeignet. Damit lässt sich der Balken fest an die Wand montieren.

18 Vor dem endgültigen Festschrauben ist die Lage des Balkens zu kontrollieren. Um Abweichungen zu korrigieren, muss in der Regel neu gebohrt werden.

19 Balken auflegen.

20 Wenn die Punktfundamente abgebunden (ausgehärtet) und tragfähig sind, können die Lärchenholzbalken aufgelegt werden.

21 Zum rechtwinkligen Ausrichten der Balken wird die Diagonale berechnet (Pythagoras: $a^2 + b^2 = c^2$) und vor Ort nachgemessen. Wenn beide Diagonalen gleich lang sind, liegen die Balken parallel und im rechten Winkel zum Haus.

22 Durch Unterlegen von Dachpappe und Holzkeilen lassen sich kleine Höhenunterschiede ausgleichen, so dass die Balken auf allen Punktfundamenten bündig aufliegen. Die untergelegten Abstandshalter verhindern zugleich Staunässe.

tonfundamente aufgelegt. Geringfügige Höhenunterschiede lassen sich durch Unterlegen von Dachpappstreifen und dünnen Holzresten oder Keilen ausgleichen, wenn die Balken stellenweise nicht auf den Fundamenten aufliegen sollten. Die fertige Balkenkonstruktion auf den Punktfundamenten bietet einen tragfähigen und luftigen Unterbau für den Bretterboden, der nach dem Festschrauben der Bretter unverrückbar festliegt. Das Holzdeck hat nach dem Zusammenbau ein Gewicht von mehreren Tonnen und liegt schwimmend, aber unverrückbar auf den Fundamenten auf, ähnlich wie im Beispiel 7.1 (Seite 45 ff.). In anderen Bausituationen kann eine Befestigung sinnvoll sein, auch wenn sie aus statischen Gründen nicht nötig wäre.

Nach dem Montieren des Bretterbodens wurden am hohen Terrassenrand noch zwei Sichtschutzwände montiert, die zugleich als Geländer dienen.

Um ein Vergrauen des Holzbodens zu verhindern, hat der Bauherr – der Werbung folgend – den fertigen Boden mit einer „Douglasienlasur" gestrichen, eine Maßnahme, die sich aus Sicht der Nutzer nicht bewährt hat. Der ständige Gebrauch der Ter-

23 Jetzt sind noch geringfügige Korrekturen der Balken möglich. Beim Nachmessen zeigt es sich, ob die Abstände stimmen.

24 Die Bretter, ein Posten Douglasienholz vom Baumarkt, wurden mit dem PKW-Anhänger geholt.

25 Unkrautschutz auslegen. Das wurde beinahe vergessen: Damit keine Kräuter unter der Terrasse sprießen, ist das Auslegen einer Vegetationsschutzfolie angebracht. Die Schutzfolie wird mit Kies beschwert und abgedeckt.

26 Auf dem vorbereiteten Unterbau ist das Festschrauben der Bretter eine einfache Arbeit. Der Zollstock gibt hier die Fugenbreite vor.

27 Werden keine selbstschneidenden Schrauben verwendet, ist Vorbohren und Ansenken nötig. Die Senkköpfe müssen zu den Schraubköpfen passen.

28 Bretter festschrauben. Früh übt sich... Die beste Lehre ist die freiwillige Mithilfe bei Heimarbeiten. Selbstverständlich sind die Sicherheitsvorkehrungen zu beachten.

29 Beim Bohren und Schrauben sind die Abstände immer wieder zu kontrollieren. So entsteht eine exakt rechtwinklige Holzfläche.

30 Durch die vorgegebenen Brettlängen muss der Holzboden zweiteilig gebaut werden. Das Festschrauben der Bretter erfolgt „auf Stoß".

31 Spielen auf der Baustelle: Alles an Deck - die Holzterrasse liegt wie ein Floß auf der Baustelle und wird bereits gerne genutzt.

32 Sicherheitshalber werden gleich nach der Fertigstellung des Bodens die Sichtschutzwände montiert. Sie schützen vor einem Absturz in den Kellerschacht.

rasse hatte an manchen Stellen einen starken Abrieb zur Folge, so dass der Boden schnell fleckig aussah. Mittlerweile ist die Lasur fast vollständig abgewittert, und die Bretter sind nun recht gleichmäßig natürlich vergraut.

Hinweis: Die podestartige Bauweise, die bodenferne Position der Balken und die gut belüftete Lage der Bretter wirken sich sehr positiv auf die Haltbarkeit des Holzes aus. Das Douglasien-Deck weist nach 9 Jahren trotz exponierter Lage und intensiver Nutzung keine Verfallsspuren auf.

33 Das Streichen mit einer speziellen Douglasien-Lasur sollte das Vergrauen verhindern. Der Holzschutz war jedoch durch den ständigen Abrieb nicht lange wirksam.

34 Der sonnige Freisitz ist schon nach der Fertigstellung ein beliebter Aufenthaltsort für Bewohner und Besucher.

35 Nach 3 Jahren ist der Holzboden gleichmäßig vergraut, aber ohne Schäden. Die Kunststoffmöbel wurden durch eine Holzgarnitur ersetzt.

36 + 37 Sieben Jahre nach dem Bau hat sich ein schöner Grüngürtel entwickelt. Das Holz ist nach wie vor in einwandfreiem Zustand.

1 Die fertige Terrasse nach einem Jahr.

2 Für den Zuschnitt des harten Bangkirai-Holzes ist eine leistungsfähige Säge mit Diamantblatt nötig.

3 Die Lagerhölzer werden im Abstand von jeweils 50 cm in den Rollkies gelegt und mit dem Hammer festgeklopft.

4 In diesem Fall werden Zug um Zug der Unterbau und die Beplankung hergestellt.

7.3 Holzdeck – schwimmend gebaut

Fundamente haben die Aufgabe, ein Bauwerk frostsicher im Boden zu verankern. Als frostsichere Tiefe gilt 80 cm – gemessen von der Oberkante der Baugrube bis zur Unterkante des Fundaments. Auch bei Holzterrassen gründen die Fundamente in der Regel 80 cm tief – seien es nun Schraubfundamente, Punktfundamente oder Streifenfundamente aus Beton. Dadurch wird verhindert, dass sie der Frost stellenweise aus dem Boden drückt und sich der Bretterboden verzieht.

Frostsichere Fundamente sind nur dann nicht zwingend nötig, wenn die Terrasse schwimmend gebaut wird. Das heißt, die Holzterrasse liegt wie ein Floß lose auf dem Boden auf. Diese Bauweise ist beispielsweise bei einfachen Holzböden an Zweitsitzplätzen im Garten möglich. Hier können selbstgebaute Holzlattenroste genügen, die einfach auf den geebneten Boden gelegt werden. Ein direkter Bodenkontakt lässt sich beispielsweise durch das Unterlegen von Gehwegplatten aus Beton vermeiden.

Eine schwimmende und dennoch dauerhafte Verlegung von Terrassen am Haus ist dann möglich, wenn ein Unterbau aus Schotter oder Rollkies bis in frostsichere Tiefe reicht. Diese Frostschutzschicht, seitlich begrenzt durch eine Reihe von Rasenkantensteinen, ist nach dem Verdichten mit einer Rüttelplatte oder einem Vibrationsverdichter tragfähig und als Basis für das Auflegen einer Holz-

5 Die Richtlatte zeigt, ob alle Hölzer bündig auf gleicher Höhe liegen. Bei Bedarf können durch Festklopfen oder Unterfüttern von Kies Korrekturen vorgenommen werden.

6 Als Abstandshölzer dienen hier Holzkeile. Sie geben die Fugenbreite vor.

7 Anders als bei einer verdeckten Verschraubung bleiben hier die Schraubköpfe im Holz sichtbar. Um ein sauberes Schraubenbild in einer Linie zu erzielen, wird eine Richtschnur gespannt, die gleichzeitig die Kontrolle über die Verlegung der Bretter rechtwinklig zur Hauswand erlaubt.

8 Die Bretter werden nur an den Schraubstellen markiert. Dazu genügen kleine Bleistiftstriche.

9 Harthölzer müssen vorgebohrt werden, damit das Holz nicht einreißt oder splittert. Ein Kombibohrer mit Senkkopf ermöglicht das Bohren und Einsenken in einem Arbeitsschritt.

10 Das Holzdeck entstand hier im Zuge der Anlage mehrerer Gärten. Die anderen Terrassen erhielten Pflaster- und Plattenbeläge.

11 Die Edelstahlschrauben werden exakt bündig eingedreht. Zu tiefes Eindrehen ist zu vermeiden, damit keine Mulden entstehen, in denen das Regenwasser stehen bleibt.

12 Bretter und Konstruktionshölzer aus Bangkirai sind in verschiedenen Längen erhältlich. Thermoholz aus heimischen Forsten hat eine vergleichbare Haltbarkeit.

13 Das Holzdeck ist nach der Fertigstellung sofort nutzbar. Der Rasen wurde später angelegt.

terrasse geeignet. Das Regenwasser kann in den Untergrund versickern, so dass keine Gefahr durch Staunässe besteht.

Die Lagerhölzer werden direkt in den Schotter oder Rollkies gelegt und mit geringem Gefälle nach außen eingerichtet. Der Aufbau des Holzbodens erfolgt dann genauso wie beim Terrassenbau mit Fundamenten. Bei dieser Bauart hat sich Holz der Dauerhaftigkeitsklasse 1 bewährt, zumal ein direkter Kontakt der Lagerhölzer mit dem Schotter oder Rollkies besteht. Im Baubeispiel wählten die Besitzer auch als Lagerhölzer Bangkirai. Anstelle der Lagerhölzer wären auch tragende Alu- oder verzinkte Stahlprofile als Unterbau denkbar, um den Einbau von Tropenhölzern oder Eiche (Dauerhaftigkeitsklasse 1 - 2) zu vermeiden.

14 + 15
Wenn der warme Braunton des Holzes erhalten bleiben soll, ist eine regelmäßige Behandlung mit Holzschutzlasur nötig.

16 Schon wenige Wochen nach der Fertigstellung verändert sich die Farbe der unbehandelten Bretter. Mittlerweile wurde der Rollrasen verlegt.

17 Das Holzdeck vergraut mit der Zeit. Das beeinträchtigt die Haltbarkeit aber nicht. Das Deck ist mittlerweile 7 Jahr alt und ohne Schäden.
Der Sichtschutzzaun wurde später errichtet. Er steht auf H-Ankern, die in Punktfundamente aus Beton eingesetzt wurden.

1 Holz ist durchaus gut mit anderen Baustoffen kombinierbar, wie hier Bretter mit Betonplatten, Kalknatursteinen und Kieseln.

2 Nachdem die Betonplatten verlegt und die Sichtschutzwand aus Lärchenholz montiert ist, kann der Bau der Teicheinfassung beginnen. Die Douglasienbretter wurden im Baumarkt gekauft.

3 Als Auflager für die Bretter dienen Aluminium-Rechteckprofile (Format 40 x 40 mm). Sie sind in 1 oder 2 m Länge im Baumarkt oder in größerer Menge mit 5 m Lieferlänge im Metallhandel erhältlich. Der Zuschnitt kann mit einer Trennscheibe erfolgen.

4 Zur Befestigung auf dem Betonfundament werden in die zugeschnittenen Profilstücke 2 Löcher gebohrt. In der kleinen Bohrung, die am Boden aufliegt, steckt die Schraube, die obere, große Bohrung dient zum Durchstecken der Schraube und erleichtert das Arbeiten mit dem Bohrschrauber.

7.4 Holzsteg am Schwimmteich

Die Gestaltung eines Gartens entwickelt sich oft anders als sie ursprünglich geplant wurde. Während der Bauphase entstehen neue Ideen, die dann in die Praxis umgesetzt werden wollen. Ebenso machen unvorhersehbare Bodenverhältnisse unter Umständen Änderungen nötig.

So stieß der Bagger in diesem Beispiel beim Erdaushub auf Kalksteinfelsen, die tiefgründig ausgehoben werden mussten, um die massiven Fundamente für die Stützmauern am Haus bauen zu können. Diese Felsen kamen bei der Gartengestaltung als natürliche Baustoffe und Gestaltungselemente zum Einsatz. Durch diese unvorhergesehene Bausituation konnte der ursprüngliche Entwurf, der eine Holzterrasse am Teich vorsah, nicht umgesetzt werden.

So entschieden sich die Eigentümer für den Bau einer Terrasse mit Betonplatten, nur die Sitzflächen am Teichrand sollten Holzstege erhalten.

5 Die Bretter werden mit selbstschneidenden Edelstahlschrauben auf die Aluminium-Profile geschraubt. Dazu sind zunächst die Bohrstellen auf den Brettern zu markieren.

7 Die Bretter liegen luftig auf den Aluminium-Profilen auf. Die Fugen zwischen den Brettern dienen ebenfalls der Hinterlüftung, außerdem kann das Wasser dadurch rasch abziehen.

6 Zunächst werden die Bretter vorgebohrt. Anschließend kann das Aluminium-Profil durch die Bohrung im Holz mit dem dünneren Metallbohrer erreicht werden.

8 Damit der Schraubkopf bündig im Holz sitzt, muss die Bohrstelle im Holz angesenkt werden. Das ist bei Weichholz in Verbindung mit selbstschneidenden Holzschrauben nicht nötig.
Zum Bohren des Aluminiumprofils wird ein Metallbohrer benötigt, der einen etwas kleineren Durchmesser hat als die Schraube. So kann die Edelstahl-Schraube ins Aluminium einschneiden und bekommt festen Halt.

9 Nun wird das Brett mit der Edelstahlschraube am Aluminiumprofil festgeschraubt. Für sicheren Halt sind 2 Schrauben pro Befestigungsstelle nötig. Wenn die Bretter verzogen sind, lässt sich die Krümmung mit einem Spanngurt korrigieren. Das Douglasienholz ist bei luftiger Lagerung auch am Wasser durchaus lange haltbar.

12 Die Stege passen recht gut zu den Betonplatten. Das Holz nimmt der Umgebung aus Stein (Rollkies und Kalkbruchsteine) die Härte und bildet eine Brücke zum Wasser. Nach einem Jahr haben die Bretter schon eine leichte Patina angesetzt. Sie glänzen silbrig.

7.5 Holzterrasse aus Garapa

Kleine Decks im Innenhof

Stein oder Holz? Diese grundsätzliche Frage stand auch bei diesem Beispiel zur Diskussion. Am Ende wurde eine Entscheidung für beide Baustoffe getroffen. Und zwar sollte die große Hausterrasse einen Plattenboden erhalten, während für die zweiteilige kleine Terrasse vor den Kinderzimmern ein Holzdielenboden aus Garapa vorgesehen wurde. Die Eltern wählten dieses Tropenholz, weil der Holzhändler am Ort das südamerikanische Garapa – aus FSC-Anbau – als besonders hart, nicht harzend und splitterfrei lobte. Das Holz stammt von einer Baumart mit botanischem Namen *Apuleia molaris*, die vorwiegend im brasilianischen Amazonasgebiet wächst. Aus planerischer Sicht ist dazu anzumerken, dass die Qualität anderer einheimischer Hölzer nicht schlechter ist. Wenn sie richtig bearbeitet und gepflegt werden, sind auch Terrassen aus Douglasie oder Lärche durchaus barfußtauglich.

1 Die fertigen Terrassen bieten genügend Platz an der Sonne. Die Ziegelmauern wurden verputzt und gestrichen. Die Wege mit feinem Kies laden ebenso wie die Holzböden zum Barfußgehen ein.

2 Im Innenhof wurde der Mutterboden entfernt und durch Kalkschotter ersetzt. Der massive Unterbau bietet eine gute Basis für den Aufbau der Terrassen. Um die Sitzmauern frostsicher zu gründen, wird ein 80 cm tiefer Graben ausgehoben und Beton eingefüllt. Im Hintergrund werden die Entwässerungsrohre verlegt.

3 Die Höhe der Terrasse richtet sich nach der Schwelle der Fenstertüren. Entsprechend wird der Unterbau für den Holzboden vorbereitet. Beim Festlegen der Fundamenthöhe sind die Stärke der Bodenbretter und die Höhe der Lagerhölzer mit einzurechnen.

4 Nach dem Glätten der Fundamentoberfläche muss der Beton abbinden (aushärten). Darauf wird dann ein Mauersperrband (Dachpappstreifen) verlegt, der das Aufsteigen von Feuchtigkeit in die Mauer durch Kapillarwirkung verhindert.

5 Während die Streifenfundamente abbinden, werden die Punktfundamente gesetzt. Hier dienen KG-Rohre als Schalung; Rohre mit 100 mm Durchmesser sind ausreichend. Beim Zuschneiden von langen Rohre ist eine Trennscheibe nützlich.

6 Auf dem Schotterunterbau genügt eine Fundamenttiefe von 50 cm. Die ersten Punktfundamente sind bereits mit Beton gefüllt. Die schwachen Hölzer der Unterkonstruktion (Querschnitt 70 x 35 mm) erfordern geringe Fundamentabstände, so dass viele Fundamente notwendig sind.

7 Die Höhe ist immer wieder zu prüfen. Zu tief sitzende Rohre lassen sich herausziehen, bei zu hoch sitzenden Rohren muss tiefer gegraben werden.

8 Das Graben im verdichteten Schotter gestaltet sich schwierig. Um schmale Löcher herzustellen, ist ein Erdbohrer hilfreich. Eine Schaufel ist bei diesem Boden nur bedingt von Nutzen.

9 Mittlerweile ist ein Mauerflügel fertig. Mit den großen Hohlkammerziegeln geht das Mauern zügig voran.

10 Zum Auffüllen der KG-Rohre wird Beton verwendet, der aus 4 Teilen Kies, 1 Teil Zement und etwas Wasser in der Betonmischmaschine selbst hergestellt wurde.

11 Der verdichtete Unterboden aus Schotter bietet einen ausreichenden Frostschutz und gewährleistet einen raschen Wasserabzug. Inzwischen wurde eine feine Kieselschicht aufgetragen. Die Sitzmauern haben Abdeckplatten aus Naturstein erhalten und an der Hauptterrasse wurde die Fundamentplatte betoniert.

12 Die Lagerhölzer werden mit etwas Gefälle verlegt. Dabei sind Unterlegkeile aus Kunststoff nützlich. Die Hölzer liegen luftig auf den Punktfundamenten auf und haben keinen Kontakt zum Kies.

13 Die leichte Holzunterkonstruktion wird an den Fundamenten festgeschraubt. Dazu dienen Winkelverbinder aus verzinktem Stahl, die an jeweils zwei Punktfundamenten festgeschraubt sind.

14 Um in das harte Garapa-Holz zu schrauben, ist Vorbohren notwendig. Die Befestigung erfolgt mit Edelstahlschrauben.

15 Abstandshalter geben die Fugenbreite vor. Um gerade Schraubenreihen zu erzielen, helfen Richtschnüre. Die Bretter dürfen an der Stirnseite maximal 15 cm über die Lagerhölzer hinausragen.

16 Garapa-Hartholz erfordert auch hier Vorbohren! Die Bohrung muss bis ins Lagerholz reichen, damit die Lagerhölzer beim Schrauben nicht ausbrechen.

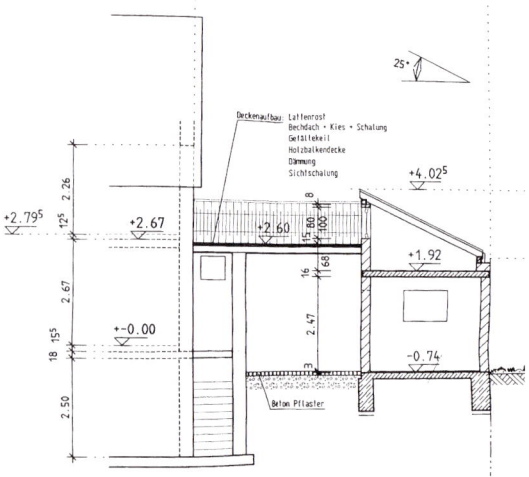

1 Die Dachterrasse wird gern genutzt und schafft „unter Deck" reichlich Platz zum Unterstellen von Fahrrädern etc.

2 Die Dachterrasse hatte der Architekt des Holzständerhauses frühzeitig mit eingeplant, sie dient als Überdachung des Hauseingangs und bietet einen geschützten, nur vom Obergeschoss zugänglichen Sitzplatz. Anders als im Plan eingetragen erfolgte die Dachabdichtung mit Dachpappbahnen und darüberliegender Kunststofffolie.

3 Die Holzbalkendecke liegt am Haus auf einem Lagerbalken auf, der an der Hauswand befestigt wurde, und an der Garage auf dem ausgestemmten Ziegelmauerwerk. Für die Spannweite von gut 4 m reicht ein Balkenquerschnitt von 22 x 10 cm.

4 Die Holzbalkendecke erfordert eine dauerhafte Abdichtung. Die preisgünstigen Dachpappbahnen sind schnell verlegt und verschweißt. Sie halten während der Bauphase das Regenwasser ab.

7.6 Große Gartenterrasse und Dachterrasse aus Lärchenholz

Die Gartenanlage und damit auch die Art der Terrassengestaltung wird wesentlich von den jeweiligen baulichen Gegebenheiten bestimmt. In diesem Beispiel wurden den Hausbauplänen entsprechend zwei Terrassen geschaffen, und zwar eine große Holzterrasse an der Garten-Süd- und -Westseite sowie eine Dachterrasse als Überdachung zwischen Haus und Garage. Durch die Bauart der Gartenterrasse entstand obendrein ein kleiner abgesenkter Platz, der in der Anfangszeit als überschaubarer Spielplatz für die Kinder nützlich war und später zum Sitzplatz umgestaltet wurde.

Die Holzbalkendecke für die Dachterrasse erhielt eine Abdichtung mit Dachpappe und eine darüber liegende spezielle Dachdichtungsfolie, die an den Rändern hochgezogen wurde und bis unter die umlaufende Blechverwahrung reicht. Für den einfachen, rechteckigen Boden wurden Lärchenholzdielen mit Abstandshaltern auf die Lagerhölzer geschraubt, die wiederum

5 Einen dauerhaften Schutz gibt eine Dachhaut aus Kunststofffolie, die wie Teichfolie verlegt und verklebt wird. Darauf wird eine reißfeste Vliesmatte ausgelegt, auf der dann der Aufbau des Bretterbodens erfolgen kann.

7 Die Lagerhölzer wurden zuvor mit Streifen aus Neoprengummi unterlegt, um Unebenheiten auszugleichen und die Dachhaut zu schützen. Außerdem tragen die Unterlagen zur Geräuschdämpfung (Trittschall) bei.

6 Die Dachterrasse erhält einen Belag aus Lärchenholzbrettern, die mit den ausgelegten Lagerhölzern verschraubt werden. Der Anschluss der Entwässerung und die Einfassung des Dachrandes mit Zinkblech wurden vorab vom Blechner ausgeführt.

8 Die Bretter sind mit Abstandshaltern aus Kunststoff unterlegt, die einen raschen Wasserabzug ermöglichen und die Lagerbalken trocken halten.

9 Beim Einrichten ist ein großer Winkel hilfreich, um die Bretter rechtwinklig festzuschrauben. Zu den Wänden sind 1-2 cm breite Fugen einzuhalten.

10 Auch der Kniestock an der Garage wurde mit Brettern verkleidet.

11 Hier an der Gartensüd- und -westseite soll die zweite Holzterrasse entstehen. Sie überbrückt den Bereich vor den Kellerfenstern.

12 Um das Erdreich im ausgeschachteten Bereich vor den Kellerfenstern abzuhalten, werden mit Bruchsteinen gefüllte Gabionen eingesetzt.

13 Die Südansicht zeigt die Höhenunterschiede im Gelände, die u.a. durch Kellerfenster zur Belichtung des Untergeschosses bedingt sind. Links neben der Haustür entstand später ein tieferliegender Sitzplatz.

14 Die schweren Elemente aus verzinktem Baustahl und Bruchsteinen ersparen das Betonieren und haben dennoch dieselbe Wirkung wie eine massive Stützwand. Insofern eignen sich Gabionen grundsätzlich auch als Unterbau für Holzterrassen.

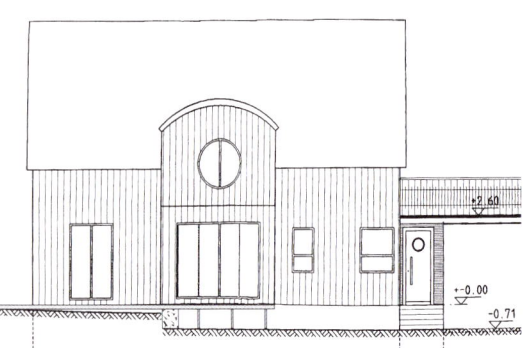 

lose auf Neoprenschaumstreifen aufgelegt sind, um die Dachdichtung nicht zu verletzen. Der Sitzplatz in luftiger Höhe ist vom Haus durch eine Fenstertür zugänglich. Das Garagendach ist als Gründach ausgeführt, wobei ein für Schrägdächer geeignetes System zum Einsatz kam. Die genügsamen Polsterstauden gedeihen in einem Blähton-Substrat und brauchen wenig Pflege.

Aufwändiger gestaltete sich der Bau der Holzterrasse im Garten, insbesondere, weil verschiedene Fundamente nötig waren. Damit die Kellerfenster an der Vorderseite des Hauses zwecks Belichtung und Belüftung offen bleiben, war eine teilweise Aufständerung der Terrasse und eine Stützmauer aus Gabionen erforderlich. So liegen die Tragbalken auf Punktfundamenten aus Beton und Stützen aus verzinkten Stahlrohren auf.

Die Anfertigung der relativ schlanken Stahlrohrstützen war ein nicht unerheblicher Kostenfaktor, Punktfundamente aus Betonrohren wären erheblich preiswerter (aber auch weniger ansehnlich) gewesen. Die das Erdreich abhaltende Stützmauer aus Gabionen (mit Natursteinen gefüllte Drahtkörbe) kommt ohne massive Streifenfundamente aus, für die an dieser Stelle wegen der Höhe der Mauer eine aufwändige Schalung nötig gewesen wäre.

Ein Streifenfundament bis in frostsichere Tiefe wurde nur an der Verbindungsstelle zwischen dem nicht vertieften Teil der Holzterrasse und dem ausgeschachteten Teil gebaut. Dafür genügte eine einfache Schalung aus

14 Zum Erdreich hin wurden die Gabionen mit Vliesstücken abgedeckt, um das Verschlämmen der Bruchsteine zu verhindern. So ist auch ein rascher Wasserabzug möglich. Die Löcher für die Punktfundamente wurden mit dem Erdbohrer gegraben.

15 Die Punktfundamente entstehen mit Hilfe von eingegrabenen KG-Rohren. Im ausgeschachteten Bereich vor den Kellerfenstern ruht die Holzterrasse auf maßangefertigten (Schlosserei), verzinkten Metallpfosten.

16 Die Metallstützen haben am oberen Ende Stahlblechplatten mit Gewindestangen. Dadurch sind die Auflager für die Tragbalken höhenverstellbar und ermöglichen eine exakte Ausrichtung der Unterkonstruktion.

17 Die Holzterrasse im nicht vertieften Bereich liegt auf Punktfundamenten, in die verzinkte Gewindestangen einbetoniert wurden. Auf sie werden die Halterungen für die Tragbalken aufgeschraubt.

17 Durch die Gewindestangen ist die Höhe der Tragbalken einstellbar; gleichzeitig werden die Balken luftig mit Abstand über dem Erdboden gelagert.

18 Am Übergang zum nicht ausgeschachteten Teil der Terrasse dient ein Betonstreifenfundament als Auflager. Dazu wird ein Graben ausgehoben, eine Schalung angefertigt und mit Beton gefüllt.

19 Nach dem Abbinden bietet das Streifenfundament eine tragfähige Basis für die Balkenkonstruktion. Die nach dem Entfernen der Holzschalung vorhandenen Gräben werden mit Erde gefüllt.

20 Damit unter der Holzterrasse keine Gräser und Kräuter keimen können, ist das Auslegen einer Mulchfolie empfehlenswert. Zum Kaschieren und Beschweren dieser schwarzen Plastikplane eignet sich Rollkies, Splitt oder wie hier ein feinkörniger Kies.

21 Alternativ zur Mulchfolie kann ein Teichvlies oder ein sogenanntes Geotextil verwendet werden.

22 Zum Einsetzen der Stahlrohrstützen im vertieften Bereich sind Bohrungen in den Fundamenten nötig. Der erste Lagerbalken wurde aufgelegt und mit den Verstellschrauben eingerichtet.

Brettern zum Formen der Mauerkrone. Der hintere Teil der Holzterrasse liegt auf Punktfundamenten aus Beton auf, sowie auf Lagerbalken, die in Höhe der Betonkellerdecke an der Hauswand befestigt wurden. Die Löcher für die Punktfundamente wurden mit einem Minibagger mit Erdbohrer hergestellt, was sich bei dem gewachsenen Lehmboden als das beste Verfahren erwies. Der geübte Baggerführer, der mit seiner Maschine und ihrer Umrüstung auf den Erdbohrer vertraut war, leistete dabei gute Dienste und war auch beim Erdaushub für die Gabionen-Stützwände nützlich, ebenso beim Transport und Einsetzen der Gabionen sowie beim Ausbaggern des tiefer liegenden Sitzplatzes.

24 Die Lage der Lagerbalken richtet sich nach der Anordnung der Bodenbretter. Hier sollen die Bretter im vorderen Bereich senkrecht zur Außenwand verlegt werden, im hinteren Teil an der Giebelseite liegen sie um 90° gedreht ebenfalls senkrecht zur Hauswand.

23 Beim Auslegen der Balken ist eine Richtschnur hilfreich, die vorne im Bild durchgespannt ist. Auf die Gewindebolzen werden Muttern aufgedreht und Flansche aus Stahlblech aufgelegt, um die Balken in der Höhe justieren zu können. Durch Bohrungen in den Balken können die Gewindestangen ggf. ein Stück in den Balken hineinragen.

25 Am Kellerschacht liegen die Balken auf den Stahlrohrstützen auf. Mit den Verstellschrauben lassen sie sich exakt justieren, und zwar mit geringem Gefälle vom Haus weg.

26 Das Gefälle wird mit der Wasserwaage kontrolliert. Falls nötig werden die Balken auf den Stahlrohrstützen abgesenkt oder hochgeschraubt.

27 Die größte Last entsteht an der Verbindungsstelle zwischen Brücken- und dem Terrassenteil. Hier bietet das Streifenfundament eine tragfähige Basis.

28 Die Lagerbalken vom Sägewerk erhalten an den Stirnseiten einen exakten und glatten Zuschnitt. Eine selbstgebaute Schablone erleichtert die rechtwinklige Sägeführung.

29 Die Balken waren bereits ab Sägewerk mit einem Bläueschutzmittel behandelt. Da dieser nach dem Zuschnitt an den Stirnseiten nicht mehr wirksam ist, muss er dort erneuert werden.

30 Zur Befestigung der Balken dienen Sechskantschrauben, die nach dem Vorbohren ins Holz geschraubt werden. Die Abstände der Balken richten sich wiederum nach der Brettstärke und nach der Gesamtbreite der Terrassenflächen (vgl. Kap. 6, Seite 40).

31 An den Stößen sind Winkelbleche zur Montage nötig, die mit Nägeln befestigt werden. Gleichzeitig kann das Vorbohren der Schraublöcher erfolgen.

32 Beim Festschrauben der Bretter werden Abstandshalter aus Kunststoff untergelegt, die für eine gleichmäßige Fugenbreite und für einen geringen Abstand zwischen Balken und Brettern sorgen.

33 Im Handel sind verschiedene Befestigungs-Systeme erhältlich. Hier wurde eine sichtbare Verschraubung von oben gewählt. Die selbstschneidenden Edelstahlschrauben ersparen das Vorbohren.

34 Beim Zuschnitt der Bretter leistet eine Kappsäge mit Tisch gute Dienste. Die zum Teil fertige Holzterrasse kann bereits als Arbeitsplatz genutzt werden.

35 Im ausgeschachteten Bereich sind Aussparungen vorgesehen, damit das Kellergeschoss belichtet wird. Statt der Bretter werden hier Verbundglasscheiben eingebaut, die auf einem selbstgebauten Rahmen aus Kanthölzern aufliegen.

36 Die Rahmen für die Glasscheiben werden auf den Balken der Unterkonstruktion festgeschraubt, das Glas vom Glaser zugeschnitten und eingesetzt.

37 Der Terrassenboden mit der großflächigen Fensterscheibe: so kann Licht in die Fenster der Kellerräume gelangen. Dafür muss ein doppelter Fensterrahmen gebaut werden.

38 Randsteine aus Granit bilden einen Spitzwasserschutz und dienen zugleich als Rasenkante. Die Steine werden auf einen Betonkeil gesetzt.

39 Die Randsteine geben die Höhe der Rasenfläche vor. Die handbehauenen Granitblöcke passen gut zum naturbelassenen Lärchenholz.

40 Im folgenden Frühjahr wird der tieferliegende Teil der Terrasse ausgebaut. Für die weiteren Stützwände aus Gabionen wird als Unterbau Schotter eingefüllt und verdichtet.

41 Das Einsetzen der Gabionen auf die Frostschutzschicht aus Schotter ist mit einem leistungsfähigen Minibagger schnell erledigt. Der Bagger ist auch beim weiteren Erdaushub nützlich.

42 Diese abgesenkte Fläche soll zunächst als eingegrenzter Spielplatz für die Kinder zur Verfügung stehen. Zunächst muss die Erde bis zur gewünschten Tiefe ausgekoffert werden. Den Bereich unter der Terrasse mit Lichtschacht nutzen die Kinder bereits zum Spielen.

43 Nach dem Mauern und dem Verfugen müssen die Steine abgewaschen werden, bevor der Mörtel abbindet. Die Holzterrasse wird bereits genutzt.

44 Der kleine Sitzplatz ist über eine Treppe zugänglich. Der Boden erhält zunächst einen Splittbelag, da die Pflasterung erst später erfolgen soll.

45 Der Mauerbauer und Baggerführer erledigt auch die Pflasterarbeiten. Der Belag entsteht aus Betonsteinen mit 22 verschiedenen Steinformaten, verlegt im sogenannten „Wilden Verband".

46 Die Gartengestaltung beginnt mit dem Fräsen des Bodens. Eingepflanzt werden im Sommer in Töpfen vorkultivierte Sträucher.

47 Sechs Wochen nach der Bepflanzung und der Aussaat des Rasens zeigt sich der Garten schon in Grün. Die Sträucher sind gut angewachsen und die Gräser haben dichte Büschel gebildet.

48 Ausbau des tiefer liegenden Sitzplatzes: Das kreisförmige Pflaster in Form einer Sonne entstand aus verschiedenen farbigen Granitsteinen.

49 Die große Terrasse bietet reichlich Fläche für Sitzgelegenheiten. Strauchgruppen und Kübelpflanzen tragen zur Gestaltung bei und bieten gleichzeitig wachsenden Sichtschutz.

1 Der Lärchenholzboden bleibt naturbelassen und darf vergrauen.

2 Auf der großen Terrassenfläche wurden bereits grober Schotter verteilt und die Schraubfundamente eingedreht. Zur Kontrolle der richtigen Einschraubtiefe und des gleichmäßigen Sitzes diente eine lange Richtlatte und eine Wasserwaage.

3 Der Einbau der Lagerhölzer erfolgt schrittweise. Nach dem Eindrehen von zwei Schraubfundamenten in den Boden werden die Positionen mit Richtlatte und Wasserwaage geprüft.

4 Nach dem Auflegen des Balkens auf die Schraubfundamente wird auch dessen Lage bezogen auf die benachbarten Balken geprüft. Zur Höhenkorrektur können die Fundamente ggf. tiefer oder höher geschraubt bzw. Holzklötze untergelegt werden.

7.7 Holzterrasse mit Schraubfundamenten

Beton hat sich als dauerhafter, tragfähiger Baustoff für Fundamente bewährt. Für den Bau von Holzterrassen ist ein massiver Unterbau aber nicht zwingend nötig. Ebenso beständig und tragfähig sind Schraubfundamente aus verzinktem Stahlblech. Diese rohrförmigen Bodenanker mit Gewinde lassen sich mit einem Hebel in den Boden eindrehen und sitzen dann unverrückbar fest. Günstig ist dies, wenn Lehmboden, sandiger Lehm, lehmiger Sand, Kies oder Humusboden vorliegt. Auf felsigem Gelände lassen sich die Fundamente nicht bis zur nötigen Tiefe eindrehen oder sie driften ab. Der Hersteller weist darauf hin, dass mit den speziellen Eindrehhilfen nahezu jeder Boden geeignet ist. Das Einschrauben der Fundamente kann auch in Auftrag gegeben werden. Adressen von ausführenden Firmen sowie von Anbietern der Schraubfundamente sind im Internet zu finden.

Für den Eigenbau im Garten eignet sich ein Kantholz, eine Stahlstange oder eine spezielle Eindrehhilfe, die vom Hersteller zu bekommen ist. Beim professionellen Terrassenbau kommen maschinelle Eindrehhilfen zum Einsatz. Es gibt Anbaugeräte für Minibagger oder auch Handeindrehmaschinen, die mit Elektromotor arbeiten. Solche Geräte erleichtern obendrein das exakt senkrechte Einschrauben. Mit etwas Übung und der laufenden Kontrolle mittels Wasserwaage gelingt es aber auch mit einfachen Hilfsmitteln. Im Beispiel genügte dazu ein stabiler Rundholzstock. Beim Einschrauben mit einer Metallstange ist darauf zu achten, dass die verzinkte Oberfläche nicht beschädigt wird. Falls nötig müssen abgescheuerte Stellen mit einem Rostschutzmittel gestrichen und geschützt werden. Schraubfundamente ersparen das Graben von Löchern sowie Beton- oder KG-Rohre als Schalung für die Punktfundamente und Beton. Falls nötig, können Schraubfundamente auch problemlos und rückstandsfrei wieder entfernt werden, etwa wenn die Holzterrasse im Zuge einer Hausmodernisierung einem Anbau weichen muss. Schraubfundamente gibt es in verschiedenen Größen und Ausführungen. Für den Unterbau einer Holzterrasse sind Fundamente mit mindestens 80 cm Länge nötig, die frostsicher gründen.

Im Beispiel wurden die Schraubfundamente für eine großflächige Holzter-

5 Eindrehen der Schraubfundamente: Schraubfundament platzieren (hier nur zur Demonstration der Arbeitstechnik) und von Hand soweit wie möglich eindrehen. Immer wieder mit der Wasserwaage den senkrechten Sitz prüfen.

6 Eindrehhilfe ansetzen – hier ein einfacher Holzpflock – und Schraubfundament weiter eindrehen. Das Gewinde an der Spitze wirkt als Schraube und zieht den Metallpfosten in den Boden.

7 Das Schraubfundament lässt sich ebenso einfach wieder aus dem Boden herausdrehen – etwa, wenn es falsch platziert wurde oder abgedriftet ist.

8 Zwei weitere Schraubfundamente werden eingedreht. Die Aufbauhöhe der Holzterrasse richtet sich nach der Unterkante der Fenstertüren.

9 Kleine Höhenunterschiede lassen sich mit Brettabschnitten ausgleichen, damit der Balken in der richtigen Höhe liegt. Dafür sind auch spezielle Kunststoffkeile geeignet.

10 Balken einsetzen und die Lage prüfen. Zum Höhenausgleich werden weitere Brettchen untergelegt bzw. entfernt.

11 Der Überstand des Balkens für die Unterkonstruktion wird ausgemessen und der Balken passend ausgerichtet. Im hinteren Teil sind bereits die Lagerbalken aufgelegt.

12 Die Balken werden an den Fundamenten festgeschraubt. Dafür wurden Schraubfundamente mit U-Blechen gewählt. Es gibt auch Fundamente mit glatten Flanschen oder anderen Aufsätzen.

13 Mittlerweile wurden alle Balken geliefert und sind zum großen Teil bereits auf der Unterkonstruktion verteilt. Die letzten Schraubfundamente müssen noch eingebaut werden.

rasse genutzt, die sich auf zwei Gebäudeseiten erstreckt. Der schwere Lehmboden bot sich dafür an, weil der Erdaushub für Punktfundamente aus Beton mit einem Handbagger oder Erdbohrer schwierig geworden wäre. Eine schwimmende Verlegung hätte das Aufschütten einer dicken Schotterschicht erfordert. So waren die Schraubfundamente eine willkommene Alternative, insbesondere weil der Hausherr die Arbeiten weitgehend in Eigenleistung ausführen wollte, zusammen mit dem Zimmermann, der für die Beschaffung und Bearbeitung des Bauholzes zuständig war.

14 Am Lichtschacht ist ein Ausschnitt des Balkens nötig. Er wird dadurch geschwächt, bietet aber noch genügend Stabilität.

15 Das Ausschneiden der Balken erfolgt hier mit einer Kettensäge.

16 Wegen des Kontrollschachtes war hier ein Ausschnitt nötig. Nach dem Abdecken der Öffnung kann der Balken eingepasst werden.

17 Nun kann der Bretterboden zügig verlegt werden. Die Bretter liegen jeweils senkrecht zur Hauswand und sind mit je 2 Edelstahlschrauben sichtbar verschraubt.

18 + 19 Das Setzen von Randsteinen aus Beton soll verhindern, dass sich Tiere unter der Terrasse ansiedeln. Ein Jahr nach dem Bau ist der Holzboden schon sichtbar vergraut.

1 Die fertige selbstgebaute Terrasse: Die Lärchenholzbretter sind einige Jahre nach dem Bau vergraut, aber in gutem Zustand. Auch die kesseldruckimprägniertem Konstruktionsbalken sind noch einwandfrei erhalten.

2 Bereits während des Hausbaus entschied die Baufamilie, dass nach dem Einzug eine Holzterrasse selbst gebaut werden sollte. Die Formen zeichnen sich bereits durch die Randsteine zum Rasen hin und den aufgefüllten Rollkies ab.

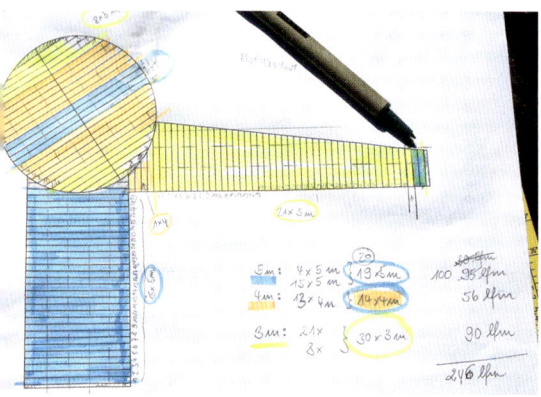

3 Bei ungewöhnlichen Konstruktionen ist ein detaillierter Plan nützlich. Er gibt auch bei der Berechnung und Bestellung des Bauholzes die Maße vor.

4 Dicke Balken müssen beim Zuschnitt mit der Kreissäge ggf. gedreht werden. Nach dem Zuschnitt und Ausrichten der Randbalken kann mit der Montage der Unterkonstruktion begonnen werden

5 Der Unterbau ist zusammengefügt und verschraubt. Die Balken müssen vorgebohrt werden.

6 Zusätzliche Stabilität bekommt die Holzkonstruktion durch das Festschrauben der Lärchenholzbretter.

7.8 Holzterrasse mit Rondell

Die Gartengestaltung bietet immer wieder Möglichkeit und Anreiz zur Verwirklichung eigener Ideen. Für den Holzheimwerker ist beispielsweise die hier beschriebene Holzterrasse in ungewöhnlicher Form ein interessantes Projekt, das sich mit einfachen Werkzeugen gut bewältigen lässt. Grundsätzlich sind neben rechtwinkligen Holzböden natürlich auch trapezförmige oder runde Formen möglich oder auch Kombinationen aus verschiedenen Grundformen. Der Baustoff Holz bietet sich durch die leichte Bearbeitbarkeit geradezu für die Realisierung freier Formen an, auch wenn die tragende Unterkonstruktion komplizierter ausfällt als bei einer rechteckigen Terrasse. Im vorliegenden Beispiel sollte ein Teil der Holzterrasse kreisförmig vor dem Hauseck liegen, um dort einen runden Tisch oder auch Liegestühle aufstellen zu können, ergänzt durch einen rechtwinkligen und einen trapezförmigen Terrassenarm an den Hausseiten. Die Herstellung dieser außergewöhnlichen Form macht allerdings mehr Mühe als der Bau rechteckiger Flächen und verursacht auch mehr Verschnitt. Eine genaue Skizze ist deshalb für den Bau unverzichtbar und zudem bei der Berechnung und Beschaffung des Baumaterials nützlich.

Gewählt wurde eine schwimmende Verlegung auf einer Rollkiesunterlage, die bereits beim Hausbau aufgebracht wurde. Für die Unterkonstruktion wurden druckimprägnierte Kiefernholzbalken gewählt.

7 Das genaue Ablängen der Ränder erfolgte erst abschließend nach Fertigstellung der Fläche. Richtschnüre erleichtern das Festschrauben in geraden Reihen. Die Bretter wurden an den Kanten durch Abschleifen gefast bzw. die Kanten mit der Oberfräse gebrochen.

8 Nach dem Bau des runden Holzdecks geht es an den Ausbau der Seitendecks. Auch hier liegen die Balken trocken auf Rollkies. Für die Lichtschächte sind entsprechende Ausschnitte nötig, die bereits bei der Herstellung der Unterkonstruktion zu berücksichtigen sind.

9 Das runde Holzdeck bietet sich als Sitzplatz oder für eine Liege an. Die recht großzügige Holzterrasse ist jedenfalls eine willkommene Wohnraumerweiterung.

1 Die Holzterrasse liegt an der Westseite und dient als erweiterter Wohnraum in geschützter Lage. Die Hauptterrasse liegt dahinter auf der Südseite.

2 Die Formstahlstangen wurden per PKW-Anhänger vom Metallhandel abgeholt. Sie sind bereits auf die benötigten Längen zugeschnitten.

3 Anders als beim Holzbau sind die Maßtoleranzen beim Metallbau sehr gering. Die Arbeiten müssen daher exakt nach Plan ausgeführt werden.

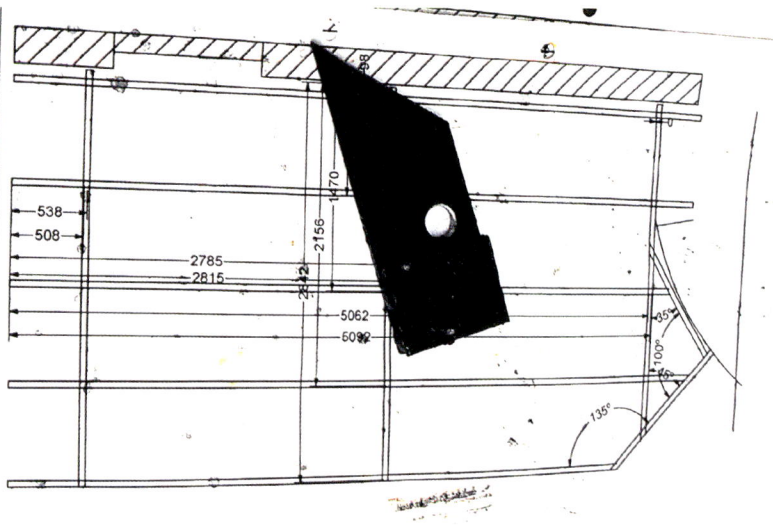

7.9 Holzterrasse mit Profilstahl-Unterbau

Ein größerer Niveauunterschied zwischen dem Fußboden im Haus und dem Boden im Garten führt vielfach zum Wunsch nach einer aufgeständerten Terrasse mit einer Treppe, um den Höhenunterschied zu überbrücken. Solch eine Konstruktion lässt sich mit einem Unterbau aus Holz, aber auch aus Formstahl realisieren. Ein Terrassenunterbau aus Formstahl wirkt im Allgemeinen weniger wuchtig als eine vergleichbar tragfähige Holzkonstruktion. Die Metallkonstruktion ist allerdings schwieriger zu fertigen und aufzubauen.

Für den Heimwerker kommt der Eigenbau einer Stahlkonstruktion kaum in Frage, es sei denn, er ist mit den nötigen Maschinen ausgerüstet und mit der Bearbeitung von Metall vertraut. Unter anderem werden eine Metallsäge, eine Standbohrmaschine, ein Schweißgerät und weitere Werkzeuge für die Metallbearbeitung, also eine kleine Metallwerkstatt mit entsprechenden Materialvorräten benötigt. Mit der Anfertigung einer Stahl-Unterkonstruktion wird daher in der Regel eine Metallbaufirma beauftragt. Dabei lohnt es sich, Kostenvoranschläge einzuholen, zumal die Lohnkosten oft schwer abschätzbar sind. Denn der Zuschnitt, die Bohrungen und die Schweißarbeiten sind zeitaufwändig.

4 Nachdem die Teile auf Länge zugeschnitten sind, beginnt die Konstruktion des Stahl-Unterbaus mit dem Ausmessen und Anreißen der Bohrstellen. Vor dem Bohren werden die Bohrstellen angekörnt.

5 Beim Zuschnitt der Stahlbauteile leistet eine professionelle Metallsäge gute Dienste. Das Werkstück muss fest eingespannt sein.

6 Für exakte Bohrungen ist eine Standbohrmaschine nötig. Auch hier kommt eine alte gebrauchte Profimaschine zum Einsatz.

7 Zum Anschweißen des Stahlrohrs an den Profilstahl-Träger müssen die Werkstücke genau rechtwinklig zusammengespannt sein.

8 Auf der Baustelle erleichtern Hilfskonstruktionen den Aufbau der vorgefertigten Stahlkonstruktion. Mit einem Brett und einer Schraubzwinge lässt sich der Profilstahl-Träger in der richtigen Höhe fixieren.

In jedem Fall ist für eine Stahl-Konstruktion eine detaillierte Planung nötig. Neben den Längen-, Breiten- und Höhenangaben sollten auch die Verbindungsstellen im Detail geplant und gezeichnet werden. Denn anders als bei einer Holzkonstruktion werden die Metallteile bereits in der Werkstatt so zugeschnitten und vorgebohrt, dass sie beim Montieren auf der Baustelle passen. Nach dem Streichen mit einem Rostschutzmittel oder besser der Feuerverzinkung (in einer Verzinkerei) erfolgt die Lieferung der vorgefertigten Stahlkonstruktion auf die Baustelle.

9 Auch hier ist eine Hilfskonstruktion zum Einrichten der Stahlträger nützlich. Alle Stahlteile wurden vor dem Transport zur Baustelle feuerverzinkt.

10 Nach dem Einrichten kann geprüft werden, ob die Rahmenteile zusammenpassen. Wichtig ist, dass die Bohrungen für die Verschraubungen deckungsgleich übereinander liegen.

11 An der Hauswand liegen die Stahlträger auf Metallwinkeln auf, die passend für diesen Zweck angefertigt wurden. Die Höhe des vorgesehenen Bodenaufbaus ist bei der Montage der Winkel an der Hauswand zu berücksichtigen.

12 Nach dem Bohren wird Dichtungsmasse in die Löcher gepresst. Sie verbessert den Halt der Dübel im porösen Mauerwerk.
13 Lange Kunststoffdübel sind in diesem Fall ausreichend. Die Wahl der Dübel und Schrauben richtet sich nach der Art des Mauerwerks und nach den insgesamt aufzunehmenden Lasten.

Baustahl für den Terrassenbau ist in verschiedenen Profilformen als Meterware im Metallhandel zu bekommen. Es gibt Doppel-T- oder I-Profile in verschiedenen Ausführungen (schmale I-Profile mit geneigten Innenflächen der Flansche, mittlere I-Profile mit parallelen Innenflächen der Flansche und Breitflanschträger), T-Profile, L-Profile, U-Profile und andere, außerdem Rund- und Vierkantrohre mit diversen Durchmessern. Im vorliegenden Beispiel wurden für die Pfosten Stahlrohre und für die Tragkonstruktion Doppel-T-Träger verwendet, wobei Pfosten und Träger verschweißt wurden. Alternativ würde eine Ver-

14 Mit einem Handbagger können hier schmale, tiefe Löcher gegraben werden, in die KG-Rohre als verlorene Schalung gestellt werden. Dadurch lässt sich Beton einsparen.

15 Die Sechskantschrauben lassen sich mit dem Ratschenschlüssel fest anziehen. Pro Halterung werden hier 3 Schrauben eingedreht.

16 Nun können die Träger endgültig aufgelegt und mit unterstützenden Hilfskonstruktionen eingerichtet werden.

17 Die Profilstahlteile werden mit Gewindeschrauben fest miteinander verbunden. Dadurch bekommt der Rahmen zunehmend Stabilität.

18 An der Gartenseite werden die Stahlrohrpfosten einbetoniert. Nach dem Abbinden des Betons kann die Hilfskonstruktion aus Brettern entfernt werden.

19 Gartenseitig erhält die Holzterrasse eine Stufe, wobei der Rahmen dafür aus Winkelprofilen zusammengeschweißt wurde.

20 Auch der Auftritt und Anschluss an die Balkontür muss bereits bei der Anfertigung der Stahlkonstruktion mit bedacht werden.

21 Ein Vlies verhindert, dass unter der Terrasse wilder Pflanzenwuchs aufkommt. Statt schwarzem Unkrautschutzvlies eignet sich auch ein Teichvlies.

22 Zum Befestigen der Bodenbretter werden Latten aus Douglasienholz von unten am Stahlrahmen angeschraubt.

23 Zwischen Metall und Holz werden Gummistücke eingelegt.
24 Als Abstandshalter zwischen Latten und Bodenbrettern wird hier Antennenkabel aufgenagelt.

25 Die Fugenbreite geben dünne Brettchen vor. Werden gewöhnliche Edelstahlschrauben verwendet, ist das Vorbohren und Ansenken der Bohrlöcher nötig.

26 Das Aufschrauben der geriffelten 28 mm starken Douglasienbretter geht im Vergleich zu den Vorarbeiten an der Unterkonstruktion schnell voran. Für Anschlüsse wie hier an der Tür müssen einzelne Bretter passend zugeschnitten werden.

schraubung von Pfosten und Träger mit Flanschen zwar etwas mehr Metallarbeit erfordern, aber zu weniger sperrigen Bauteilen führen. Der Stufenrahmen entstand aus L-Profilen (Winkelstahl).

Die verzinkte Stahlunterkonstruktion zeichnet sich durch eine besonders gute Dauerhaftigkeit aus. Sie ist jeder Holzkonstruktion hinsichtlich der Haltbarkeit überlegen. Der Stahlbau hat sich beispielsweise in Wassernähe, bei aufsteigender Bodenfeuchtigkeit und an anderen Baustellen bewährt, an denen Holz durch Feuchtigkeit gefährdet ist. Auch ästhetische Gründe können den Ausschlag dafür geben, den optisch leichter wirkenden Proilfstahl-Unterbau gegenüber einer massiven Holzbalken-Konstruktion vorzuziehen.

27 Richtschnüre geben einen geraden Verlauf der Bohrlöcher vor. Die Bretter müssen zur Wand einen geringen Abstand halten, damit eine Hinterlüftung möglich ist.

28 Der Zugang zur Holzterrasse ist sowohl vom Wohnhaus als auch von der gepflasterten Hauptterrasse aus möglich.

29 + 30 Die fertige Holzterrasse an der Westseite liegt in geschützter Lage und wird als Ergänzung zur Hauptterrasse auf der Südseite gern genutzt.

1 Die Terrasse mit verglaster Überdachung nach der Fertigstellung.

2 Abstemmen des alten Belages: An den Rändern, auf der Stufe und an anderen Stellen waren die Fliesen des Terrassenbodens durch Frosteinwirkung und die Absenkung der Betonplatte abgeplatzt. So entschieden sich die Eigentümer für eine Neugestaltung.

3 Nach dem Abräumen des Fliesenbelags bereitete der Maurer eine Schalung für den Estrich vor. Die Betonplatte sollte ein geringes Gefälle vom Haus weg haben.

4 Am Haus geben Höhenmarkierungen die Betonhöhe vor. Dazu ist ein „Riss" (Bleistiftstrich) an der Wand nötig. Die Höhe richtet sich nach dem Gefälle und nach den Schalungsbrettern.

7.10 Holzterrasse mit Glasdach

Eine Hausrenovierung und/oder die Neugestaltung des Gartens können Anlass für den Bau einer Holzterrasse sein. Das vorliegende Beispiel zeigt, dass auch Steinzeugböden oder Fliesenbeläge nur eine begrenzte Lebensdauer haben, insbesondere wenn im Außenbereich Wasser in Risse und Fugen eingedrungen ist und der Frost die Beläge aufgesprengt hat. Je nach Reparaturaufwand steht dann früher oder später eine grundlegende Erneuerung zur Diskussion.

In einem solchen Fall bietet es sich an, den Plattenbelag durch ein Holzdeck zu ersetzen. Meist ist der Estrich unter den Platten noch gut erhalten, so dass er als Unterbau allemal ausreicht.

Im vorliegenden Beispiel wurde von den Hausbewohnern ergänzend zur Erneuerung des Bodens auch eine Überdachung der Terrasse gewünscht, um einen wettergeschützten und trockenen Platz im Außenbereich zu erhalten. Damit das Dach bei schönem Wetter nicht stört und den Lichteinfall in das Haus nicht behindert, sollte es möglichst lichtdurchlässig sein. Als Verglasungsmaterial stehen Stegdoppelplatten, Acrylglasscheiben oder Verbundglasfenster zur Auswahl. Erfahrungsgemäß beginnt bei Stegdoppelplatten, die im Gewächshausbau gebräuchlich sind, schon nach wenigen Jahren die Bemoosung, und zwar siedelt sich – begünstigt durch die ständige Feuchtigkeit in den Hohlkammern – Moos an. Das lässt sich kaum verhindern und auch schlecht wieder beseitigen, zumal das Ausputzen der engen Kammern kaum möglich ist. Für die Eindeckung besser geeignet ist deshalb Acrylglas. Dieser klare Kunststoff ist allerdings nicht billig, insbesondere wenn selbsttragende starre Scheiben zum Einsatz kommen, die eine Stärke von 1 cm

5 Der Beton wurde aus feinem Estrichkies, Zement und Wasser im Verhältnis 4:1 in der Mörtelmaschine vor Ort hergestellt.
Der Maurer legt hier sogenannte Richtleisten an. Das sind schmale Betonstreifen, die parallel, im richtigen Gefälle und in der endgültigen Höhe auf der Fläche verteilt werden.

6 Die fertigen Leisten erleichtern das Abziehen des Betons, da die Höhe und das Gefälle durch die Leisten vorgegeben sind. Zunächst wird der angemachte Beton verteilt.

7 Das Abziehen gelingt mit der Richtlatte. Zum Glätten dient ein sogenanntes Schwert, eine lange schmale Maurerkelle.

8 Alle feinen Unebenheiten werden mit dem „Brett" verstrichen. Diese Betonarbeiten gestalten sich in der Praxis schwieriger als es aussieht. Daher sollten sie zumindest unter Anleitung einer Fachkraft ausgeführt werden.

9 Die fertige Betonplatte braucht ca. 4 Wochen bis zum Aushärten. Während dieser Trockenzeit sollte der Beton immer wieder mit Wasser besprüht werden, damit er keine Risse bekommt.

10 Die Trockenzeit ist gleichzeitig eine gute Gelegenheit, sich um das Material für den Holzboden zu kümmern und ggf. die Handwerker für die weiteren Arbeiten zu beauftragen. Hier hat der Zimmerer bereits einen Plan für die Tragkonstruktion entworfen.

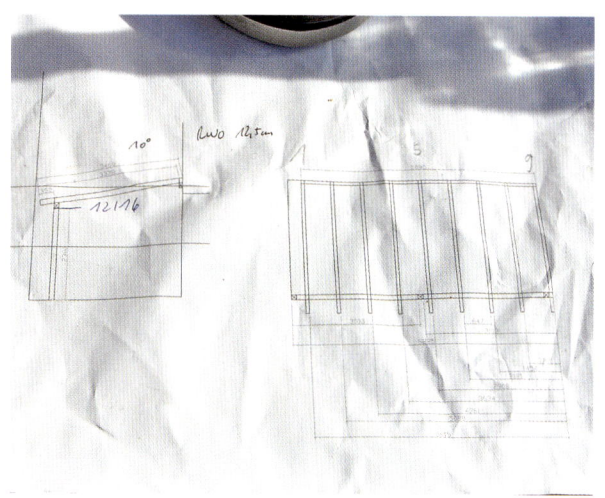

11 Der Zuschnitt der Hölzer für die Tragkonstruktion erfolgt nach Plan in der Zimmerei. Nach dem Zuschnitt und dem Ausklinken werden alle freiliegenden Balkenkanten angefast. Und das Holz erhält einen Schutzanstrich.

12 Mit den vorgefertigten und teilweise vormontierten Holzbauteilen kann der Aufbau an der Baustelle beginnen. Das Dach soll noch vor dem Wintereinbruch stehen.

und mehr haben. Dann ist der Preisunterschied zu soliden *Verbundglasscheiben* nicht mehr allzu groß. Solche Scheiben bestehen aus jeweils zwei miteinander verklebten Glasscheiben und einer Kunststofffolie in der Mitte. Durch die Kunststofffolie ist das Verbundglas bruchfest beziehungsweise zersplittert nicht, wenn etwa bei Sturm ein Ast oder ein Dachziegel auf das Glasdach fällt. Die Glassplitter bleiben wie bei Autoglasscheiben an der Folie haften.

Für das Glasdach ist eine tragfähige Sparren-Unterkonstruktion nötig, die hier aus Leimholzbalken gefertigt wurde. Die Holzquerschnitte richten sich nach der Spannweite der Sparren und der Größe der Glasscheiben. In der Regel werden die Scheiben an die möglichst gleichmäßigen Sparrenabstände angepasst und in einer Glaserei passend zugeschnitten. Die Zwischenräume dürfen nicht zu groß sein, sie sollten 60 bis 70 cm nicht überschreiten. Vor dem Bau der Tragkonstruktion empfiehlt sich eine Anfrage in der Glaserei, ob ggf. Verbundglas in Standardmaßen günstiger zu bekommen ist. Wenn ein Zimmermann mit dem

13 Mit Hilfe eines Nivelliergeräts und dem Meterstab wird die Lage der oberen Pfette am Haus ermittelt. Dazu wird vom „Meterriss" ausgehend nach oben gemessen.

14 Die Pfette wird vorgebohrt und in 1 m-Abständen mit tragfähigen Schrauben an der Hauswand befestigt.

15 Zum Aufrichten der Pfette werden Hilfsstützen aus Brettern angenagelt, und zwar so, dass die Pfette zum horizontalen Einrichten mit der Wasserwaage leicht noch etwas aufgebockt oder abgesenkt werden kann.

16 Durch die vorgebohrten Stellen in der Pfette hindurch werden diese an der Hauswand markiert. Die Pfette darf dabei nicht verrutschen.

17 Nach dem Markieren und Ablegen der Pfette ist das Bohren der Dübellöcher im Mauerwerk ungehindert möglich.

18 Nun können die Dübel eingesetzt werden. Bei Lochziegeln verbessert eingespritzte Dichtungsmasse den Halt, indem sie die Poren im Ziegelmauerwerk ausfüllt.

19 Das Einsetzen der Maueranker lässt sich besser am Boden erledigen. Diese Spezialschrauben müssen der Belastung und Balkenstärke angemessen sein.

20 Die Maueranker werden zunächst mit dem Bohrschrauber eingedreht. Festen Halt bekommen sie durch das Einschlagen mit dem Hammer.

21 Nach dem Einzapfen der Pfosten in die 2. Pfette, richten die Zimmerer diesen vorgefertigten Teil der Pergola auf. Die Pfosten stehen dabei auf höhenverstellbaren Pfostenankern.

22 Durch Auflegen, Einrasten in die Aussparungen und Festschrauben des ersten Dachsparrens bleibt die vordere Pfette mit den Stützen ohne Hilfskonstruktion stehen. Die Pfette ist bereits fest auf die Zapfen der Pfosten geklopft.

23 Nun können alle Sparren aufgelegt, ausgerichtet und befestigt werden. Die Leimholzbalken bleiben – anders als Vollholzbalken – in Form. Letztere arbeiten und sind für ein Glasdach ungeeignet.

Bau beauftragt wird, weiß dieser ohnehin, welche Maße auch hinsichtlich der Statik günstig sind. Oftmals arbeitet der Zimmermann auch mit einem Glaser zusammen und kann eine solche Konstruktion aus einer Hand anbieten. Auf jeden Fall ist das Einholen von Kostenvoranschlägen ratsam, ebenso muss das Bauamt in der Regel um eine Baugenehmigung gefragt werden.

Ein Glasdach verbessert den Wohnwert der Terrasse, da der Ort nun vor Wind und Regen weitgehend geschützt ist. Obendrein kann es die Haltbarkeit des Holzbodens begünstigen, wenn die Bretter bei Regen trocken bleiben oder nur stellenweise durch Spritzwasser nass werden. Dennoch sollte auch hier nur Gartenbauholz zum Einsatz kommen und wie im Freiland ist der konstruktive Holzschutz nötig, also insbesondere ausreichende Abstände des Holzes zu Wänden, Fugen zwischen den Brettern zwecks Hinterlüftung sowie das Un-

24 Mit Hilfe der höhenverstellbaren Pfostenanker lässt sich nun die vordere Pfette horizontal ausrichten.

25 Ob die Pfosten genau senkrecht stehen, lässt sich mit der Wasserwaage kontrollieren und ggf. durch Verschieben der Sparren korrigieren.

26 Das Festschrauben der Stütze an der Wand steift die Holzkonstruktion weiter aus. Zuvor ist der senkrechte Stand des Pfostens zu überprüfen.

27 Damit die Pfostenanker unverrückbar auf der Betonplatte stehen, ist eine Verschraubung mit Mauerankern vorgesehen. Die Bohrungen müssen auf die Spezialschrauben abgestimmt sein.

28 Die Kupferdachrinne wurde vor der Eindeckung an den Sparren befestigt. Den Ablauf leitete der Spengler in das vorhandene Fallrohr. Das Blech dunkelt mit der Zeit nach.

29 Glasscheiben dürfen nicht direkt auf dem Holz aufliegen. Als Unterlage und Abdichtung dienen Kunststoffschaumbänder, die am Holz festgetackert werden.

30 Zum Auflegen der Verglasung wird ein kleines Gerüst gebraucht. Die schweren Scheiben müssen punktgenau auf die Sparren aufgelegt werden.

31 Ein Teppich an den bereits mit Blechen bestückten Balken schützt das Glas vor Kratzern. Feste Handschuhe schützen wiederum vor den scharfen Kanten.

32 Nach dem Eindecken werden die offenen Fugen zwischen den Gläsern mit Aluminiumprofilen abgedeckt, die bereits in der Glaserei zu den Scheiben passend zugeschnitten wurden.

33 Die Profile werden mit Edelstahlschrauben zwischen den Scheiben am Sparren festgeschraubt. Dadurch werden die Schienen fest auf die Scheiben gepresst, so dass ein wasserdichtes Dach entsteht.

34 Die Douglasienbalken und Lärchenbretter für den Boden wurden angeliefert. Beim Zuschneiden sind eine Kreissäge und Böcke sehr nützlich.

35 Die Lagerbalken (Querschnitt 8 x 16 cm) werden in gleichmäßigen Abständen ausgelegt. Krümmungen der Balken lassen sich beim Festschrauben der Bretter korrigieren.

terlegen von Abstandshaltern zwischen Brettern und Tragbalken. Ein anderer, nicht zu vernachlässigender Effekt ist der Hitzestau an klaren Sommertagen: Ohne Schattierungseinrichtungen kann die Sonne unter dem Glasdach ganz schön einheizen. Die Installation von Markisen, Stoffrollos oder Sonnensegeln ist aber auch nachträglich noch möglich.

36 Die Kreissäge gewährleistet beim Zuschnitt der 28 mm starken Bretter eine gerade Schnittführung. Die Stichsäge driftet leichter ab.

37 Die Balkenabschnitte dienen zum Aussparen der Lichtschächte. Durch eine genaue Berechnung des Baumaterials lässt sich der Verschnitt minimieren.

38 An den Pfosten, an der Stufe und weiteren Stellen sind einige Bretter auszuschneiden. Dafür ist die Stichsäge nach dem Anzeichnen nützlich.

39 Abstandshalter aus Kunststoff dienen sowohl zum Einhalten einheitlicher Fugen zwischen den Brettern als auch zur luftigen Lagerung der Bretter auf den Lagerbalken.

40 Die Lagerbalken liegen auf Moosgummistreifen, um direkten Bodenkontakt zu vermeiden und Unebenheiten auszugleichen.

41 Leicht verzogene Bretter müssen vor dem Festschrauben gerichtet werden, z.B. mit Hilfe von Schraubzwingen. Die Schrauben ziehen die Bretter dann auf die Lagerhölzer.

42 Durch den Einsatz der Abstandshalter entsteht ein gleichmäßiges Verlegemuster. Pro Lagerholz sind 2 Schrauben nötig. Die Abstände zwischen den Schrauben sollten bei 120 mm breiten Brettern 80 mm betragen, bei 145 mm breiten Brettern 100 mm.

43 Auch die Betonstufe erhält einen Holzbelag. Dazu eignen sich Bretter, die wegen Schäden oder Verzug für den Terrassenboden nicht brauchbar waren und ausgemustert wurden. .

44 Wie die Stufenbretter werden die Randbretter an der Wand oder an den Seitentüren eingeschnitten. Nach dem Ausmessen und Anzeichnen ist die Stichsäge das richtige Werkzeug dafür.

45 Aus Reststücken entsteht noch eine zweite Stufe zum Garten hinunter. Auch breitere oder mehrere Stufen sindauf ähnliche Weise leicht realisierbar.

46 Damit die Stufe nicht zur Stolperfalle wird, ist auf ein günstiges Stufenmaß zu achten: 2 x Steighöhe + 1 Auftritt soll 63 cm ergeben, 17 cm Steighöhe und 29 cm Auftritt ist ein Normalmaß.

47 Deckbretter an den Seitenrändern verhindern, dass sich Mäuse einnisten. Sie werden ggf. mit der Kreissäge auf die passende Breite zugeschnitten.

48 Gewöhnlich werden die am Rand überstehenden Brettstücke mit der Kreissäge gerade abgeschnitten. Hier sollte jedoch eine auskragende Stellfläche mit abgerundeten Ecken für Kübelpflanzen entstehen.

49 Die Terrasse nach der Fertigstellung.

Dank

Ein besonderer Dank geht an die Gartenbesitzer bzw. Betreiber der Anlagen, sowie an die Mitarbeiter beim Terrassenbau auf den folgenden Seiten für die Möglichkeit zum Fotografieren:

Titelseite, oben links: Fam. Nuss, Regenstauf;
    Mitte: Garten in Regensburg;
    rechts: Fam. Sieß, Steinberg;
    großes Bild: Fam-. Kleinheinz, Niederlauterbach;
Seite 4: Fam. Nuss, Regenstauf;
Seite 5, 1.1: Ria Putz/Wolfgang Angermeyer, Egg bei Deggendorf;
1.2: Staudensichtungsgarten Weihenstephan;
Seite 6, 1.3: Holzbau Peter Beer, Schwandorf;
1.6 + Seite 7, 1.7, 1.8: Fam. Bauer, Maxhütte-Leonberg;
Seite 6, 1.9: Eva Utz-Hiltl, Frauenberg;
Seite 7, 1.10: Forstamt Regensburg;
1.11: Sägewerk Fischer, Bernhardswald;
Seite 8, 1.12, 1.13: LGS Rosenheim;
Seite 9, 1.14, 1.15: Fam. Reh, Lappersdorf;
1.16, 1.17: Fam. Wagner, Regensburg;
Seite 10, 1.18, 1.19, 1.20: Franz-Xaver Steinhuber;
1.20: Bauhaus Baumarkt, Regensburg;
Seite 11, 2.2, 2.3 + Seite 12, 2.4: Franz Hillenmayer, Burglengenfeld;
Seite 12, 2.5: Fam. Bengler-Hillenmayer, Burglengenfeld;
2.6: Terrasse in Brunn;
2.7: Fam. Elsinger Frauenberg;
Seite 13; 2.8: Garten in Laub, Landschaftsgärtner Marko Nicolai;
2.9: Fam. Söllner, Babetsberg;
Seite 14/15, 2.10, 2.11, 2.12, 2.13: ehemaliger Garten des Autors, Katzdorf, Mitwirkung Sylvia Fleischmann, Peter Beer;
Seite 16, 2.14: LGS Rosenheim;
2.15, 2.16: Fam. Nuss, Regenstauf;
Seite 17/18, 2.17, 3.1: Fam. Paulus, Hamberg;
2.18: Garten in Regensburg;
Seite 18, 3.2: Garten in Eilsbrunn;
Seite 20, 3.4: Fam. Söllner, Babetsberg;
3.5: Fam. Kleinheinz, Niederlauterbach;
Seite 21, 3.6 - 3.9: Fam. Wanke mit Holzbau-Firma Klaus Soderer, Brunn;
Seite 22, 3.10, 3.11: Fam. Neumüller, Brunn;
3.12, 3.13 + Seite 23, 3.14: Fam. Färber, Maxhütte-Leonberg;

Seite 24, 3.18: Fam. Bauer, Maxhütte-Leonberg;
3.20: Fam. Bengler-Hillenmayer, Burglengenfeld;
Seite 25, 3.21: Garten in Regensburg;
3.22: Waltraud Bister, Regensburg;
3.23: Fam. Neumüller, Brunn;
Seite 26, 3.24: Fam. Sieß, Steinberg;
Seite 32 - 33, Fam. Engel, Eilsbrunn mit Forstamt Regensburg;
Seite 34, 4.4, 4.5: Holzmarkt Maag, Hemau,
4.6: Garten in Regensburg;
Seite 37, 5.6: Eva Utz-Hiltl bei Holzbau-Jobst, Laaber,
5.7: Verzinkerei Nittenau;
5.8: Verzinkerei Neutraubling;
Seite 38 - 39, Christine und Peter Schöner, Haugenried;
Seite 40, 6.3: Fam. Sturm, Burgweinting mit Gartenbaufirma Stöckl, Maierhofen;
Seite 43, Fam. Paulus, Hamberg mit Schwimmteichbaufirma Wild, Pentling;
Seite 44 - 51, Fam. Kleinheinz, Niederlauterbach mit Naturhaus Systeme GmbH,
Seite 52 - 59, Fam. Cordes mit Baggerei Schmid und Nachbarschaftshilfe durch Walter Geistmann und Robert Weinzettl;
Seite 60 - 63, Fam. Reh, Lappersdorf;
Seite 64 - 66, Fam. Bengler-Hillenmayer, Burglengenfeld;
Seite 67 - 69, Fam. Grünberg-Wolff, Lappersdorf;
Seite 71 - 79, Fam. Neumüller mit Baggerei Schmid, Pflasterer Andi Schmid und Ingenieur Jürgen Neumaier (Planung und Bauleitung);
Seite 80 - 84, Fam. Wanke mit Holzbau-Firma Klaus Soderer, Brunn;
Seite 85 - 87, Fam. Konjetzky, Regenstauf mit Stephan Sindersberger, Lappersdorf;
Seite 88 - 93, Fam. Wagner, Regensburg mit Ingenieurbüro Franz-Xaver Steinhuber, Burgweinting (Planung und Stahlbau) und Hans Lenz (Holzbau);
Seite 94 - 103, Fam. Utz-Hiltl mit Robert Weinzettl (Estrichbeton), Holzbau-Jobst (Pergola-Planung und Bauleitung Josef Böhm).

Weitere Bücher im ökobuch Verlag

Anders gärtnern
Permakultur-Elemente im Hausgarten. Ob Kräuterspirale, Krater- bzw. Hochbeet, Kartoffelturm, Wurmfarm oder Erdgewächshaus mit Hühnerstall, bei allem dient die Natur als Vorbild. Mit vielen Anleitungen für einen Hausgarten, in dem die Bereiche harmonisch zusammenwirken und sich gegenseitig fördern. Von Margit Rusch. 96 Seiten, mit vielen farbigen Abbildungen, 16,95 €

Mein kleiner Permakultur-Garten
300 kg Ernte auf 150 m² Fläche mitten in der Stadt. Der Autor Josef Chauffrey beschreibt die Kultivierung eines Reihenhausgartens nach Permakultur-Prinzipien und zeigt, wie sich beachtliche Ernteerfolge an Obst u. Gemüse erzielen lassen. 110 Seiten, mit vielen farbigen Abbildungen, 16,95 €

Das Biogarten-Praxisbuch
Anleitung zum naturgemäßen Gärtnern in Bildern. Hier wird das notwendige Wissen vermittelt, um erfolgreich den Boden zu bestellen und reichhaltig gesundes Obst und Gemüse zu ernten. Susanne Bruns. 224 Seiten, viele Abbildungen, 18,95 €

Permakultur im Hausgarten
Mit diesem Buch gibt der Autor einen Leitfaden an die Hand, wie ein Hausgarten Stück für Stück zum persönlichen und vielseitigen Permakultur-Garten gestaltet oder umgestaltet werden kann. Jonas Gampe. 144 Seiten, mit vielen Abbildungen, 16,95 €

Auf 300 qm Gemüseland
… den Bedarf eines Haushalts ziehen. Wie man auf kleinstem Raum einen Nutzgarten anlegt und erfolgreich bewirtschaftet, können wir von unseren Vorfahren lernen. Mit schnellen, praktischen, alphabetisch geordneten Infos über die wesentlichen Pflanzen, über Anbau- und Arbeitsmethoden. Von Arthur Janson. Neugestalteter Nachdruck der Erstausgabe von 1926. 170 Seiten, 16,95 €

Saatgut aus dem Hausgarten
Nach einer Einführung in die Saatgutgewinnung und in die Praxis der Vermehrung werden die nötigen Hilfsmittel, Ernte, Reinigung und Lagerung der Samen sowie Aussaat und Aufzucht beschrieben. Mit kurzen Pflanzenporträts aller im Hausgarten üblichen Kräuter, Gemüse und Blumen. Von Marlies Ortner. 138 Seiten, mit vielen farbigen Abbildungen, 19,90 €

Trocknen und Dörren mit der Sonne
Bau & Betrieb von Solartrocknern. Ein Buch für alle, die einen funktionstüchtigen Solartrockner kostengünstig selbst bauen möchten, um Obst, Gemüse und Kräuter natürlich und hochwertig haltbar zu machen. Außerdem: Praxis des Trocknens mit vielen Tipps aus langjähriger Erfahrung. Herausgegeben von Claudia Lorenz-Ladener. 96 Seiten, mit vielen farbigen Abbildungen, 16,95 €

Terrassen und Decks aus Holz selbst gebaut
Planungsüberlegungen, sinnvolle Konstruktionen, Materialempfehlungen. Viele Beispiele und Schritt-für-Schritt-Bilder vermitteln das Wissen zum Bau schöner Holzdecks. Von Peter Himmelhuber. 102 Seiten, mit vielen farbigen Abbildungen, 16,95 €

Mein Garten lebt
Vögel, Schmetterlinge, Igel, Wildbienen und andere nützliche Tiere ansiedeln. Mit Bauanleitungen und Gestaltungsideen, um durch Nisthilfen, Schlafquartiere u.ä. Gärten tierfreundlich zu gestalten. Von Peter Himmelhuber. 96 Seiten, mit vielen farbigen Abbildungen, 16,95 €

Natürlich konservieren
Die 250 besten Rezepte, um Gemüse und Obst möglichst naturbelassen haltbar zu machen und ein maximum an Vitaminen, Nährstoffen und Geschmack zu erhalten. Herausgegeben von Terre Vivante. 160 Seiten, mit vielen Abbildungen, 16,95 €

Trockenmauern für den Garten
Bauanleitung & Gestaltungsideen. Ob Sitzplätze oder Hochbeete einzufassen, eine Hangfläche zu terrassieren oder das Grundstück einzugrenzen: Mit einfachen Werkzeugen kann jeder kostengünstig eine schöne und dauerhafte Trockenmauer selbst bauen. Von Jana Spitzer und Reiner Dittrich. 96 Seiten, mit vielen farbigen Abbildungen, 16,95 €

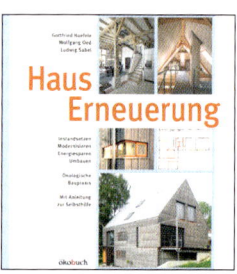

Bunte Körbe aus Gräsern und Kräutern
Die Technik des Korbwickelns neu entdeckt. Anleitungen zur Herstellung von bunten Körben durch Wickeln und Vernähen von Strängen aus heimischen Faserpflanzen. Mit vielen Schritt-für-Schritt-Anleitungen. Von Walter Friedl. 96 Seiten, mit vielen farbigen Abbildungen, 17,95 €

Hauserneuerung
Instandsetzen - Modernisieren - Energiesparen - Umbauen: mit Anleitung zur Selbsthilfe. Das Buch beschreibt ausführlich den behutsamen, handwerklich sachgerechten und umweltverträglichen Umgang mit alter Bausubstanz. Von G. Haefele, W. Oed und L. Sabel. 256 Seiten, mit vielen Abbildungen, 28,90 €

Vom Altbau zum Effizienzhaus
Energietechnische Gebäudesanierung in der Praxis: Nachträgliche Wärmedämmung der Gebäudehülle, Fenstererneuerung, sowie Sanierung der Haustechnik einschließlich Lüftung, Heizung, Sanitär und Elektro. Hrsg. von Ingo Gabriel und Heinz Ladener. 200 Seiten, mit vielen farbigen Abbildungen, 28,90 €

Praxis: Holzfassaden
Material, Planung, Ausführung. Das Buch zeigt nicht nur die gestalterischen Möglichkeiten moderner Holzfassaden, sondern stellt zahlreiche vorbildliche Beispiele und Detaillösungen mit Ecken, Sockel, Dach- und Fensteranschlüssen vor. Von Ingo Gabriel. 112 Seiten, mit vielen farbigen Abbildungen, 28,- €

Handbuch Lehmbau
Umfassendes Lehrbuch und Nachschlagewerk: Es zeigt Einsatzmöglichkeiten, Eigenschaften und Verarbeitungstechniken des Baustoffes Lehm. Mit Forschungsergebnissen und Beschreibungen ausgeführter Lehmhäuser. Von Gernot Minke. 222 Seiten, mit vielen Abbildungen, 38,- €

Neues Bauen mit Stroh in Europa
Bauen mit großformatigen Quadern aus gepresstem Stroh: gebaute Beispiele, erprobte Bauformen und Konstruktionen, Besonderheiten, neue Projekte und Forschungen. Von H. u. A. Gruber u. H. Santler. 112 Seiten, mit vielen Abbildungen, 16,95 €

Handbuch Strohballenbau
Ein Konstruktions-Handbuch, das Konzeption, Bautechnik und alle Details beschreibt, um aus Strohballen gut gedämmte, dauerhafte Häuser zu bauen. Mit vielen Konstruktionsdetails und Beispielen. Von Gernot Minke und Benjamin Krick. 152 Seiten, mit vielen farbigen Abbildungen, 29,90 €

Haus der Zukunft
Ein Drittel aller Treibhausgase entsteht (noch) bei uns Zuhause. Das Buch möchte motivieren und zeigen, wie unser Zuhause in 20 bis 40 Jahren aussehen könnte und welche Wege dorthin führen. Von Simon Grieger. 196 Seiten, mit vielen farbigen Abbildungen, 24,90 €

Regenwasser für Garten und Haus
Ein kompetenter Ratgeber für Planung und Bau von Regenwassersammelanlagen nach dem Stand der Technik: Bemessung, Genehmigung, Speichertanks, Pumpen, Rohrleitungen, Zubehör. Von Karlheinz Böse. 96 Seiten, mit vielen Abbildungen, 16,95 €

Autonome Stromversorgung
Auslegung, Aufbau und Praxis autonomer Stromversorgungsanlagen mit Batteriespeicher für Beleuchtung und für netzferne Handwerks- u. Landwirtschaftsbetriebe. Von Philipp Brückmann und Georg Bopp. 126 Seiten, mit vielen Abbildungen, 22,90 €

Unsere Bücher erhalten Sie in allen Buchhandlungen.
www.oekobuch.de · E-Mail: verlag@oekobuch.de